Sitzungsberichte
der Heidelberger Akademie der Wissenschaften
Mathematisch-naturwissenschaftliche Klasse

Die Jahrgänge bis 1921 einschließlich erschienen im Verlag von Carl Winter, Universitätsbuchhandlung in Heidelberg, die Jahrgänge 1922—1933 im Verlag Walter de Gruyter & Co. in Berlin, die Jahrgänge 1934—1944 bei der Weißschen Universitätsbuchhandlung in Heidelberg. 1945, 1946 und 1947 sind keine Sitzungsberichte erschienen. Ab Jahrgang 1948 erscheinen die „Sitzungsberichte" im Springer-Verlag.

Inhalt des Jahrgangs 1951:
1. A. MITTASCH. Wilhelm Ostwalds Auslösungslehre. DM 11.20.
2. F. G. HOUTERMANS. Über ein neues Verfahren zur Durchführung chemischer Altersbestimmungen nach der Blei-Methode. DM 1.80.
3. W. RAUH und H. REZNIK. Histogenetische Untersuchungen an Blüten- und Infloreszenzachsen sowie der Blütenachsen einiger Rosoideen, I. Teil. DM 10.—.
4. G. BUCHLOH. Symmetrie und Verzweigung der Lebermoose. Ein Beitrag zur Kenntnis ihrer Wuchsformen. DM 10.—.
5. L. KOESTER und H. MAIER-LEIBNITZ. Genaue Zählung von β-Strahlen mit Proportionalzählrohren. DM 2.25.
6. L. HEFFTER. Zur Begründung der Funktionentheorie. DM 2.30.
7. W. BOTHE. Die Streuung von Elektronen in schrägen Folien. DM 2.40.

Inhalt des Jahrgangs 1952:
1. W. RAUH. Vegetationsstudien im Hohen Atlas und dessen Vorland. DM 17.80.
2. E. RODENWALDT. Pest in Venedig 1575—1577. Ein Beitrag zur Frage der Infektkette bei den Pestepidemien West-Europas. DM 28.—.
3. E. NICKEL. Die petrogenetische Stellung der Tromm zwischen Bergsträßer und Böllsteiner Odenwald. DM 20.40.

Inhalt des Jahrgangs 1953/55:
1. Y. REENPÄÄ. Über die Struktur der Sinnesmannigfaltigkeit und der Reizbegriffe. DM 3.50.
2. A. SEYBOLD. Untersuchungen über den Farbwechsel von Blumenblättern, Früchten und Samenschalen. DM 13.90.
3. K. FREUDENBERG und G. SCHUHMACHER. Die Ultraviolett-Absorptionsspektren von künstlichem und natürlichem Lignin sowie von Modellverbindungen. DM 7.20.
4. W. ROELCKE. Über die Wellengleichung bei Grenzkreisgruppen erster Art. DM 24.30.

Inhalt des Jahrgangs 1956/57:
1. E. RODENWALDT. Die Gesundheitsgesetzgebung der Magistrato della sanità Venedigs 1486—1550. DM 13.—.
2. H. REZNIK. Untersuchungen über die physiologische Bedeutung der chymochromen Farbstoffe. DM 16.80.
3. G. HIERONYMI. Über den altersbedingten Formwandel elastischer und muskulärer Arterien. DM 23.—.
4. Symposium über Probleme der Spektralphotometrie. Herausgegeben von H. KIENLE. DM 14.60.

Inhalt des Jahrgangs 1958:
1. W. RAUH. Beitrag zur Kenntnis der peruanischen Kakteenvegetation. DM 113.40.
2. W. KUHN. Erzeugung mechanischer aus chemischer Energie durch homogene sowie durch quergestreifte synthetische Fäden. DM 2.90.

H. Hepp und H. Jensen

*Klassische Feldtheorie
der polarisierten Kathodenstrahlung
und ihre Quantelung*

Sitzungsberichte der Heidelberger Akademie der Wissenschaften
Mathematisch-naturwissenschaftliche Klasse
Jahrgang 1971, 4. Abhandlung

(Vorgelegt in der Sitzung vom 25. Januar 1971)

Springer-Verlag Berlin Heidelberg New York 1971

ISBN-13: 978-3-540-05454-2 e-ISBN-13: 978-3-642-46268-9
DOI: 10.1007/978-3-642-46268-9

Das Werk ist urheberrechtlich geschützt. Die dadurch begründeten Rechte, insbesondere die der Übersetzung, des Nachdruckes, der Entnahme von Abbildungen, der Funksendung, der Wiedergabe auf photomechanischem oder ähnlichem Wege und der Speicherung in Datenverarbeitungsanlagen bleiben, auch bei nur auszugsweiser Verwertung, vorbehalten.
Bei Vervielfältigung für gewerbliche Zwecke ist gemäß § 54 UrhG eine Vergütung an den Verlag zu zahlen, deren Höhe mit dem Verlag zu vereinbaren ist.
© by Springer-Verlag Berlin · Heidelberg 1971. — Die Wiedergabe von Gebrauchsnamen, Warenbezeichnungen usw. in diesem Werk berechtigt auch ohne besondere Kennzeichnung nicht zu der Annahme, daß solche Namen im Sinne der Warenzeichen- und Markenschutz-Gesetzgebung als frei zu betrachten wären und daher von jedermann benutzt werden dürften.

Universitätsdruckerei H. Stürtz AG, Würzburg

Klassische Feldtheorie der polarisierten Kathodenstrahlung und ihre Quantelung

H. HEPP und H. JENSEN, Heidelberg

Vorbemerkungen

Durch die Arbeiten von Jordan und Klein[1] und Jordan und Wigner[2] wurde klargestellt, daß die Quantelung des klassischen Partikelbildes und die Quantelung des klassischen Feldbildes einander äquivalente Erweiterungen der klassischen Beschreibung der physikalischen Phänomene darstellen. Sie führen zu denselben Grundbegriffen und Grundgleichungen, zumindest soweit es sich um Phänomene handelt, bei denen relativistische Effekte unbedeutend sind. Während man bei der Quantelung des Partikelbildes den Begriff der „Bahnen" (Teilchenkoordinaten als Funktion der Zeit) aufgeben und durch den Begriff „Zustand des Systems" ersetzen muß — wobei der „Zustand" durch eine Zustandsfunktion beschrieben wird, die es gestattet, die Statistik aller denkbaren Messungen zu berechnen —, muß in der Quantelung des Feldbildes der Begriff „Feldvariablen als Funktion von Zeit und Ort" aufgegeben und wiederum durch den Begriff „Zustand des Feldes" ersetzt werden, der durch eine Zustandsfunktion beschrieben wird.

Für den Fall, daß es sich im Feldbild um einen Zustand handelt, der durch eine feste wohl definierte Anzahl von N Quanten charakterisiert ist, ist die durch Quantelung gewonnene Zustandsfunktion identisch mit der Schrödingerfunktion des Partikelbild-Zustandes mit der gleichen Anzahl N von Partikeln. Dieses aufgezeigt zu haben ist das große Verdienst der genannten beiden Arbeiten von Jordan, Klein und Wigner. Daß sich für die Feldquantelung der unglückliche und irreführende Name „Zweite Quantelung" eingebürgert hat, ist wohl eine Folge einer (für die späten zwanziger

---

[1] Jordan, P., Klein, O.: Z. Physik **45**, 751 (1927).
[2] Jordan, P., Wigner, E.: Z. Physik **47**, 631 (1928).

Jahre allenfalls noch plausiblen) Konfusion, die für den Fall *eines* Quants ($N=1$) nicht klar genug die physikalische Bedeutung der Schrödingerschen Zustandsfunktion abgrenzte gegen die Bedeutung der de Broglie- und Davisson und Germerschen klassischen Wellenfunktion eines Kathodenstrahls. Für diesen reicht zur Beschreibung der Beugungsphänomene ein klassisches Feldbild völlig aus; die Existenz von „Quanten des Kathodenstrahlfeldes" ist für die Beugungs- (und wie unten gezeigt werden soll, auch für die Polarisations-) Phänomene ganz irrelevant.

Auch das Stern-Gerlach-Experiment, das in den frühen Tagen der Quantenphysik (und noch heute oft in der Lehrbuchliteratur) als typisches Quantenphänomen herausgestellt wurde, erfordert zu seiner Beschreibung *nur dann* den ganzen Begriffsapparat der Quantentheorie, wenn man von der Partikelvorstellung ausgeht; im ungequantelten klassischen Feldbild eines polarisierbaren Materiestrahls läßt sich die Stern-Gerlachsche Aufspaltung des Strahls in mehrere getrennte Strahlen beim Durchgang durch ein inhomogenes Magnetfeld ebenso zwanglos beschreiben (s. u.) wie das ganz analoge Phänomen in der klassischen Optik anisotroper Medien, das im Nicolschen Prisma ausgenutzt wird [s.u. bei Gl. (33)].

Die Quantelungsregeln lassen sich für das Feldbild gut nur so formulieren, daß sie zugleich eine Forderung an das Symmetrieverhalten der Zustandsfunktion bei Permutation der Quanten enthalten (im Partikelbild muß die Symmetrieeigenschaft als zusätzliche Forderung gestellt werden). Da aber Jordan, Klein und Wigner ein skalares Feld zugrunde legten, ergibt sich bei ihnen entweder totale Symmetrie oder totale Antisymmetrie der Zustandsfunktion bezüglich der Permutation der „Ortskoordinaten" der Quanten (d.h. z.B. der Elektronen) des Materiefeldes. Dies ist nicht mit den experimentellen Fakten im Einklang.

Diese Unzulänglichkeit der Theorie wurde im historischen Gang der Entwicklung durch Paulis Behandlung der Spinfunktion behoben; diese war jedoch am gequantelten Partikelbild orientiert. Dadurch verstärkte sich in der Folgeliteratur die oben genannte Konfusion in den Verwechslungen der Zustandsfunktionen mit den klassischen Feldfunktionen. Insbesondere wurde Bohrs Komplementaritätsgedanke — für dessen Präzisierung gerade die Jordan-Klein-Wignerschen Arbeiten die quantitative und begrifflich einwandfreie Basis geliefert hatten — durch die genannte Konfusion sehr verunklärt.

Es scheint daher nützlich, zunächst eine klassische Feldtheorie des polarisierbaren Kathodenstrahles lediglich auf Grund der beobachteten Polarisationsphänomene[3] zu entwickeln[4], obwohl deren experimentelle Erfassung erst durch die Fortschritte der Experimentierkunst im letzten Jahrzehnt möglich geworden ist, und obwohl die betreffenden Experimente erst durch die inzwischen voll entwickelte Quantenmechanik angeregt und auch an ihr orientiert waren. Denn, wie gesagt, die Existenz der Quanten ist für diese Experimente ganz irrelevant; insbesondere ist es ganz überflüssig, bei ihrer Diskussion explizit vom „Spin der Quanten" zu sprechen; im Gegenteil scheint es uns eher für das Verständnis des „Spins" nützlich, zu sehen, wie er sich (s. u.) bei der Quantelung des klassischen polarisierbaren Feldes zwanglos ergibt.

Polarisierte Kathodenstrahlung als klassisches Feld

Es wäre durchaus denkbar, daß einer der Pioniere in der Untersuchung der Kathodenstrahlung, etwa Philipp Lenard, schon Anfang des Jahrhunderts ein dünnes Blättchen eines in Schichtgittern kristallisierten Minerals, etwa Marienglas, in den Strahlengang gebracht hätte. Dann wären die Beugungserscheinungen nicht zu übersehen gewesen (heute ist das ein Experiment für das fortgeschrittene Praktikum). Man kann sich ausmalen, wie sehr in jener Zeit um die Jahrhundertwende im Vordergrund die Diskussion dieser Entdeckung gestanden hätte, daß diese neuartige Kathodenstrahlung auch wiederum eine Wellenstrahlung sei, und es wäre gewiß — vermutlich auf vielen Irr- und Umwegen — eine Wellengleichung vom Typ (4) herauspräpariert worden. Sodann hätte sich die Frage aufgedrängt, ob es sich um eine longitudinale oder um eine polarisierbare transversale Strahlung handelt.

In der Entwicklung der Theorie hätte man zunächst den gemessenen Wellenlängen $\lambda = 2\pi/k$ räumlich fortschreitende Phasen $((\vec{k}\cdot\vec{r}) - \omega\cdot t)$ zuzuordnen versucht; freilich wäre die Frequenz $\omega(k)$ der direkten Bestimmung nicht zugänglich gewesen — ebensowenig wie bei der Röntgenstrahlung —, jedoch hätte man beim Studium

---

3 Zusammenfassend dargestellt z.B. bei Kessler, J.: Rev. Mod. Phys. **41**, 3 (1969).

4 Des inneren Zusammenhangs wegen müssen wir dabei einiges aus den Arbeiten von Jordan, Klein und Wigner und manches aus der daran angeknüpften Literatur rekapitulieren (vgl. z.B. Hund, F.: Materie als Feld. Berlin-Göttingen-Heidelberg: Springer 1954).

der Ausbreitung von Wellenpaketen die Gruppengeschwindigkeit $d\omega/dk$ messen können und das fundamentale Dispersionsgesetz gefunden:

$$\frac{d\omega}{dk} = c_\varkappa \cdot k \quad \text{mit} \quad c_\varkappa = 1{,}15 \, \frac{\text{cm}^2}{\text{sec}} \equiv 1{,}15 \, \frac{\text{erg sec}}{\text{gramm}}, \tag{1}$$

worin $c_\varkappa$ die Fundamentalkonstante der Kathodenstrahlung zu nennen wäre. (1) gilt nur für hinreichend lange Wellen; wir wollen uns im folgenden ausschließlich auf diesen „nichtrelativistischen Grenzfall" beziehen, d. h.: $c_\varkappa k \ll$ Lichtgeschwindigkeit c voraussetzen.

Durch Integration hätte sich $\omega = \frac{c_\varkappa}{2} k^2$ ergeben, wenn man die Integrationskonstante versuchsweise als Null angenommen hätte. Aus diesem Dispersionsgesetz, das erste zeitliche mit zweiten räumlichen Ableitungen der Feldfunktion verknüpft, ergibt sich eine einfache „Wellengleichung" nur, wenn man, in Analogie zur Maxwellschen Theorie (die zur Beschreibung der *Strahlung* zwei zeit- und ortsabhängige Felder $\vec{E}$ und $\vec{B}$ benötigt, und die zeitlichen Änderungen jedes der Felder mit den räumlichen Änderungen des anderen Feldes verknüpft), auch zur Beschreibung der Kathodenstrahlung zwei reelle Feldfunktionen $u(\vec{r}, t)$ und $v(\vec{r}, t)$ einführt, die durch die Gleichungen

$$\frac{\partial u}{\partial t} = -\frac{c_\varkappa}{2} \Delta v \quad \text{und} \quad \frac{\partial v}{\partial t} = \frac{c_\varkappa}{2} \Delta u \tag{2}$$

miteinander verknüpft sind. Die Zusammenfassung zu einer einzigen komplexen „Kathodenstrahl—Feldfunktion" $f(\vec{r}, t) = u + iv$, die der entsprechenden Gleichung

$$\frac{1}{i} \frac{\partial f}{\partial t} = \frac{c_\varkappa}{2} \Delta f \tag{3}$$

genügt, und das Auftreten von $i = \sqrt{-1}$ in (3), entspricht dabei lediglich einer in der Elektrotechnik viel geübten Convenienz, und hat gar keine tiefere Bedeutung als eben die Tatsache, daß man zwei reelle Felder zur Beschreibung der elementarsten, durch (1) formulierten, Eigenschaften des Kathodenstrahls benötigt, insbesondere auch[5] zur Definition einer „Ladungsdichte" und eines „Stromes", die einer Kontinuitätsgleichung genügen (s. u.).

---

5 Vgl. dazu Ehrenfest, P.: Z. Physik **78**, 555 (1932). — Pauli, W.: Z. Physik **80**, 573 (1933); — Handbuch der Physik, 1. Aufl., Bd. XXIV/1, S. 97 unten (1933).

Die beobachtete Wellenlängenänderung beim Eintritt des Strahles in ein geändertes elektrisches Potential $\Phi(\vec{r})$ hätte in Erweiterung von (3) zu

$$\frac{1}{i}\frac{\partial f}{\partial t} = \left\{\frac{c_\varkappa}{2}\varDelta + g_\varkappa \Phi\right\} f \tag{3a}$$

geführt; die zweite Konstante, d. h. die Konstante $g_\varkappa$ der Kopplung des Kathodenstrahlfeldes an elektrische Felder, hängt von den Einheiten ab, in denen die elektrischen Felder gemessen werden. Sie hat die Dimension [Ladung/(Energie·Zeit)] = [Ladung/Wirkung]; im Gaußschen cgs-System hat sie den Wert

$$g_\varkappa = 4{,}56 \cdot 10^{17} \frac{1}{\sqrt{\text{gr} \cdot \text{cm}}}. \tag{3b}$$

Schließlich hätte das Studium der Ausbreitung der Kathodenstrahlung in elektrischen und magnetischen Feldern $\vec{B} = \text{rot } \vec{A}$; $\vec{E} = -\text{grad } \Phi - \dot{\vec{A}}/c$ die Gleichung

$$\frac{1}{i}\frac{\partial f}{\partial t} = \left\{\frac{c_\varkappa}{2}\left(\vec{V} + i g_\varkappa \frac{\vec{A}}{c}\right)^2 + g_\varkappa \Phi\right\} f \tag{4}$$

ergeben. Die Kopplung der Kathodenstrahlung an magnetische Felder wird also ebenfalls durch die Konstante $g_\varkappa$ bestimmt. Die Ausbreitung eines Kathodenstrahles von nicht zu hoher Intensität in beliebig vorgegebenen elektromagnetischen Feldern wird durch die Gleichung (4) gut beschrieben, außer daß sie bei inhomogenen Magnetfeldern eine etwas andere Verbreitung des Strahles vorhersagt, als sie im Experiment angetroffen wird[6].

Da die wesentlichste Eigenschaft des Kathodenstrahls die ist, negative Ladungen zu transportieren, d.h. zur Aufladung eines Absorbers (Target) zu führen, messen Jordan, Klein und Wigner die Feldstärke (in Analogie zu anderen Feldtheorien, insbesondere den Maxwellschen Gleichungen des Vakuums) dadurch, daß sie die Ladungsdichte proportional zu $(u^2 + v^2)$ ansetzen:

$$\varrho(\vec{r}, t) = -q(u^2 + v^2) = -q f^* \cdot f. \tag{5}$$

Je nach der Wahl des Faktors q ergeben sich die Maßeinheiten für f; wenn q in Ladungseinheiten gemessen wird, hat f die Dimension (Länge)$^{-3/2}$. Die Gl. (4) sichert dann eine Kontinuitätsgleichung

$$\frac{\partial \varrho}{\partial t} + \vec{V} \vec{j} = 0, \tag{6}$$

---

[6] Siehe dazu unten bei Gl. (33).

wenn man die Ladungsstromdichte durch

$$\vec{j} = -q\, c_\varkappa \{u\vec{\nabla}v - v\vec{\nabla}u + g_\varkappa(u^2+v^2)\frac{\vec{A}}{c}\}$$

$$= -q\, c_\varkappa \frac{f^* \cdot \left(\frac{\vec{\nabla}}{i} + \frac{g_\varkappa}{c}\vec{A}\right)f + \left\{\left(\frac{\vec{\nabla}}{i} + \frac{g_\varkappa}{c}\vec{A}\right)f\right\}^* \cdot f}{2} \quad (7)$$

definiert. Natürlich ist diese Definition nur bis auf einen additiven divergenzfreien Vektor durch (4) nahegelegt. Wegen der Beziehung der Feldfunktionen zu andern physikalischen Größen s.u. bei den Gl. (36) ff.

Bleiben wir bei der Fiktion, daß zunächst die Wellennatur des Kathodenstrahls erkannt worden sei. Der nächste Schritt wäre gewesen, im Experiment festzustellen, ob es sich um longitudinale oder um transversale Wellen handelt, genauso wie es für die Röntgenstrahlen (nach der durch v. Laue inspirierten experimentellen Feststellung ihrer Wellennatur durch Friedrich und Knipping) im Barkla-Experiment der Zweifachstreuung von Röntgenstrahlen an isotropen Streuern entschieden wurde:

Ein Röntgenstrahl der Intensität J trifft in der Richtung $\vec{k}/k$ auf den ersten Streuer I; in der Richtung $\vec{k}_\mathrm{I}/k$ wird ein Streustrahl der Intensität J_I ausgeblendet; dieser trifft auf den zweiten Streuer II und erzeugt in der Richtung $\vec{k}_\mathrm{II}/k$ einen Streustrahl der Intensität J_II. Zwei Streuwinkel θ_I und θ_II sind definiert durch:

$$k^2 \cos\theta_\mathrm{I} = (\vec{k}\cdot\vec{k}_\mathrm{I}) \quad \text{und} \quad k^2 \cos\theta_\mathrm{II} = (\vec{k}_\mathrm{I}\cdot\vec{k}_\mathrm{II}); \quad \text{mit } 0 \leq \theta \leq \pi, \quad (8)$$

und die beiden zugehörigen Azimute werden am besten durch die beiden Einheitsvektoren $\vec{n}_\mathrm{I}$ und $\vec{n}_\mathrm{II}$ definiert, die auf den resp. Streuebenen senkrecht stehen:

$$k^2 \vec{n}_\mathrm{I} \sin\theta_\mathrm{I} = [\vec{k}\times\vec{k}_\mathrm{I}]; \quad \text{und} \quad k^2 \vec{n}_\mathrm{II} \sin\theta_\mathrm{II} = [\vec{k}_\mathrm{I}\times\vec{k}_\mathrm{II}]. \quad (8\,\mathrm{a})$$

Bei der Streuung von Röntgenstrahlen ergibt sich dann

$$\left\{\frac{J_\mathrm{II}}{J}\right\}_\text{Röntgen} = \text{const} \cdot \{\cos^2\theta_\mathrm{I} \cdot \cos^2\theta_\mathrm{II} + \sin^2\theta_\mathrm{I} \sin^2\theta_\mathrm{II} \cdot (\vec{n}_\mathrm{I}\cdot\vec{n}_\mathrm{II})^2\}. \quad (9)$$

In den analogen Experimenten mit Kathodenstrahlen wurde jahrzehntelang keine Azimutabhängigkeit der Streuintensität beobachtet[7], obwohl aufgrund des gequantelten Partikelbildes Mott

---

[7] Der angebliche Nachweis durch Rupp ist eine tragikomische Episode aus der Geschichte der Physik, vgl. E. Rupp [Z. Physik **95**, 801 (1935)] und C. Ramsauer [Z. Physik **96**, 278 (1935)].

einen Effekt als Folge der relativistischen Spin-Bahnkopplung für kurzwellige, und später Massey und Mohr[8] auch für langwellige Kathodenstrahlen vorhersagten. Als man gelernt hatte, daß der radioaktive Betazerfall schon im elementaren Primärprozeß eine polarisierte Strahlung liefert, so daß man schon bei der Einfachstreuung eine Azimutabhängigkeit erwarten konnte, wurde diese alsbald experimentell bestätigt[8].

Erst im letzten Jahrzehnt war die Experimentierkunst soweit fortgeschritten (hinreichende Monochromasie der Kathodenstrahlung bei sehr hoher Intensität; Möglichkeit sehr enger Winkelauflösung), daß die Azimutabhängigkeit der Streuintensität bei der Doppelstreuung auch recht langwelliger Kathodenstrahlung systematisch untersucht werden konnte. Alle empirischen Befunde lassen sich einheitlich durch die Formel

$$\left\{\frac{J_{II}}{J}\right\}_{\text{Kath.}} = C_I(\theta_I) \, C_{II}(\theta_{II}) \, \{1 + P_I(\theta_I) \, P_{II}(\theta_{II}) \cdot (\vec{n}_I \cdot \vec{n}_{II})\} \quad (10)$$

darstellen[8]. Darin hängen die Funktionen C und P — außer von den Ablenkungswinkeln und von der speziellen Natur der isotropen Streuer — sehr empfindlich von der Wellenlänge der Kathodenstrahlen ab. Fast überall ist $P(\theta)$ sehr klein gegen 1, so daß keine Azimutabhängigkeit beobachtet wird; nur in engen Winkel- und Wellenlängenbereichen wird P vergleichbar mit 1, und zwar gerade dort, wo C sehr klein wird; die „Polarisation" des Kathodenstrahls durch den Streuer wird also nur in solchen Streurichtungen beobachtbar, in die wenig gestreut wird; darin liegt einer der vielen Gründe, warum sie jahrzehntelang nicht experimentell beobachtet werden konnte. Insbesondere unterscheiden sich die Kathodenstrahlen von den transversalen Röntgenstrahlen aber auch dadurch, daß in (10) das azimutabhängige Glied linear proportional zu $(\vec{n}_I \cdot \vec{n}_{II})$ ist[9], und nicht proportional zu $(\vec{n}_I \cdot \vec{n}_{II})^2$, wie es in der Gl. (9) für transversale Wellen charakteristisch ist.

---

[8] Wegen Literaturangaben vgl. J. Kessler[3]; vgl auch das unten nach Gl. (44) Gesagte.

[9] Erfolgt z.B. die Streuung zweimal im rechten Winkel, so bedeutet die lineare Abhängigkeit von $(\vec{n}_I \vec{n}_{II})$ in (10), daß die Intensität des zweiten Streustrahles nicht nur verschieden ist, je nachdem, ob er in der vom einfallenden Strahl und dem ersten Streustrahl aufgespannten Ebene liegt oder senkrecht zu ihr steht $((\vec{n}_I \cdot \vec{n}_{II}) = 0)$, sondern auch, wenn der zweite Streustrahl in der Ebene liegt, ist seine Intensität verschieden, je nachdem, ob er in der Richtung des einfallenden Strahles oder in entgegengesetzter Richtung verläuft $((\vec{n}_I \cdot \vec{n}_{II}) = \pm 1)$.

Der experimentelle Befund stellt an die Theorie die Aufgabe, „klassische" Feldgleichungen zu finden, die dieses ganz unerwartete Verhalten wiedergeben. Dabei ergibt sich, daß das Stellen der Alternative: „durch ein Vektorfeld darstellbare transversale oder durch ein skalares Feld darstellbare longitudinale Wellen?" einen Mangel an Phantasie aufdeckt. In der Tat verlangen die Polarisationseigenschaften des Kathodenstrahles noch andere Feldfunktionen. Sie sind zwar von Pauli am gequantelten Partikelbild entwickelt worden; der mathematische Formalismus kann aber praktisch ohne Änderung zur Beschreibung eines geeigneten klassischen Feldbildes übernommen werden; nur seine physikalische Interpretation ist wesentlich anders; erst im gequantelten Feldbild treten wieder Zustandsfunktionen im Paulischen Sinne auf.

Klassische Feldfunktionen, die den beobachteten Polarisationsphänomenen Rechnung tragen

Zwischen der Beschreibung durch eine skalare Feldfunktion $f(\vec{r}, t)$, die zu longitudinalen Wellen führt, und der durch das Maxwellsche Vektorfeld $\vec{\mathscr{E}} = \vec{E} + i\vec{B}$ (das sich durch Projektion auf drei orthogonale Einheitsvektoren $\vec{e}_n$, die durch

$$[\vec{e}_m \times \vec{e}_n] = \varepsilon^{mns} \vec{e}_s \tag{11}$$

verknüpft sind[10], in drei Komponenten $\mathscr{E}_n$ zerlegen läßt, die die Maxwellschen Gleichungen

$$-\frac{1}{i}\frac{\partial \mathscr{E}_m}{\partial t} = c\,\varepsilon^{mns} V_n \mathscr{E}_s \quad \text{und} \quad V_s \mathscr{E}_s = 0 \tag{12}$$

erfüllen!)), ist es auch noch möglich, ein Feld durch zwei „Komponenten" $F_1(\vec{r}, t)$ und $F_2(\vec{r}, t)$ zu charakterisieren, deren geometrische Interpretation wir einstweilen noch offenlassen (s. u. bei Gl. (18a) und (21a)). Wie wollen dieses Paar von Feldfunktionen durch $F(\vec{r}, t)\rangle$ und das entsprechende Paar der konjugiert komplexen Funktionen $\overset{*}{F_1}$ und $\overset{*}{F_2}$ durch $\langle F(r, t)$ bezeichnen. Schließlich schreiben wir für die Summe der Absolutquadrate

$$F_1 \overset{*}{F_1} + F_2 \overset{*}{F_2} \equiv \langle F(\vec{r}, t) | F(\vec{r}, t) \rangle = -\frac{\varrho(\vec{r}, t)}{q}. \tag{13}$$

---

10 $\varepsilon^{mns} = 0$ wenn zwei Indizes gleich sind; $\varepsilon^{mns} = \pm 1$, wenn (mns) durch gerade, bzw. ungerade, Permutation aus (1 2 3) hervorgeht. Nach üblicher Konvention soll über zweifach auftretende Indizes summiert werden. Wir merken noch die Relation an: $\varepsilon^{mns}\varepsilon^{mrt} = \delta_{nr}\delta_{st} - \delta_{nt}\delta_{sr}$.

Anstelle von $|f(\vec{r},t)|^2$ werden wir jetzt $\langle F|F\rangle$ als Maß für die Ladungsdichte im Kathodenstrahl benutzen. Von den aufzustellenden Feldgleichungen setzen wir voraus, daß diese im Vakuum als Lösungen ebene Wellen zulassen, d.h., daß man in diesem Falle schreiben kann:

$$F(\vec{r}\,t)\rangle = \chi\rangle\, e^{i(\vec{k}\cdot\vec{r}-\omega t)}, \tag{14}$$

worin $\chi\rangle$ ein Paar komplexer Zahlen ist.

Für solche ebene Wellen gilt offenbar:

$$-\frac{\varrho}{q} = \langle F|F\rangle = \langle\chi|\chi\rangle = \chi_1\overset{*}{\chi}_1 + \chi_2\overset{*}{\chi}_2. \tag{14a}$$

Die Mathematik wird im folgenden sehr vereinfacht, und die geometrische Deutung der Feldfunktionen wird wesentlich durchsichtiger, wenn man neben der Charakterisierung des Feldes durch das Funktionenpaar F_μ auch die aus ihm gebildete Matrix:

$$\Gamma = F\rangle\langle F, \quad \text{d.h.} \quad \Gamma_{\mu\nu} = F_\mu \overset{*}{F}_\nu \tag{15}$$

benutzt[11]. Zur Umkehrung dieser Relation, d.h., zur Berechnung der F_μ aus den Matrixelementen $\Gamma_{\mu\nu}$, s.u. bei Gl. (25).

Jede solche Matrix kann aus vier Basismatrizen linear kombiniert werden; wir wählen dafür willkürlich die Einheitsmatrix und, *in zunächst bedeutungsloser Numerierung*, drei Hermitesche Matrizen

$$1 = \begin{pmatrix}1 & 0\\0 & 1\end{pmatrix},\quad \sigma_1 = \begin{pmatrix}0 & 1\\1 & 0\end{pmatrix},\quad \sigma_2 = \begin{pmatrix}0 & -i\\i & 0\end{pmatrix},\quad \sigma_3 = \begin{pmatrix}1 & 0\\0 & -1\end{pmatrix}. \tag{16}$$

Diese drei Matrizen σ_n sind Wurzeln der Einheitsmatrix ($\sigma_1\sigma_1 = \sigma_2\sigma_2 = \sigma_3\sigma_3 = 1$) und erfüllen die Relation

$$\sigma_m\sigma_n = i\,\varepsilon^{mns}\sigma_s + \delta_{mn}, \tag{16a}$$

wie man leicht nachrechnet.

Für die „Spur" der Matrizen (d.i. die Summe ihrer Diagonalelemente) ergibt sich:

$$\text{Spur}\{1\} = 2, \quad \text{und} \quad \text{Spur}\{\sigma_n\} = 0, \quad (n = 1, 2, 3). \tag{16b}$$

Die Spur von Γ ist: $F_1\overset{*}{F}_1 + F_2\overset{*}{F}_2 = -\varrho/q$. Ferner ist Γ hermitesch — d.h. es gilt: $\{\Gamma^+\}_{\nu\mu} \equiv \overset{*}{\Gamma}_{\mu\nu} = \Gamma_{\nu\mu}$ —, und außerdem erfüllt Γ die

---

[11] Im folgenden sollen durchweg griechische Indizes die Werte 1 oder 2 haben, während lateinische Indizes von 1 bis 3 laufen; s. auch Fußnote 10.

Relation:
$$\Gamma_{\mu\lambda}\,\Gamma_{\lambda\nu}=F_\mu\,\dot{F}_\lambda\,F_\lambda\,\dot{F}_\nu=F_\mu\left(\frac{-\varrho}{q}\right)\dot{F}_\nu=-\frac{\varrho}{q}\,\Gamma_{\mu\nu};$$
d.h.
$$\Gamma\Gamma=-\frac{\varrho}{q}\,\Gamma. \tag{17}$$

Diesen Eigenschaften wird, wie man leicht nachrechnet[12], nur Genüge getan, wenn Γ, in den Basismatrizen geschrieben, lautet:

$$\Gamma=-\frac{\varrho}{2q}(1+\pi_s\,\sigma_s)\equiv\Gamma_0(1+\pi_s\,\sigma_s), \tag{18}$$

wobei die Entwicklungskoeffizienten π_n, die wegen der Hermitezität von Γ reell sind, die Relation $\pi_1\pi_1+\pi_2\pi_2+\pi_3\pi_3=1$ erfüllen müssen. Das ist die Relation, der auch die Komponenten eines Einheitsvektors genügen, und in der Tat werden wir unten aus der Diskussion der Polarisationsexperimente ersehen, daß man den Einheitsvektor

$$\vec{\pi}=\pi_s\,\vec{e}_s \tag{18a}$$

als „Polarisationsvektor des Kathodenstrahlungsfeldes" interpretieren kann; die geometrische Deutung der „Komponenten" des Feldes ist deshalb durchsichtiger, wenn man die Feldmatrix Γ anstelle der Feldfunktion $F\rangle$ zugrunde legt.

Durch den ersten Streuprozeß soll aus der ebenen Welle (14) in der Richtung $\vec{k}_\mathrm{I}/k$ eine Streuwelle entstehen, die durch

$$F\rangle^\mathrm{I}=\chi\rangle^\mathrm{I}\,e^{i(\vec{k}_\mathrm{I}\vec{r}-\omega t)} \tag{19}$$

zu charakterisieren ist. Wenn durch (13) die Intensität des Strahles bestimmt wird, so müssen wir zwischen $\chi\rangle^\mathrm{I}$ und $\chi\rangle$ einen linearen Zusammenhang ansetzen:

$$\chi_\mu^\mathrm{I}=\Omega_{\mu\nu}\,\chi_\nu, \quad \text{d.h.} \quad \chi\rangle^\mathrm{I}=\Omega^\mathrm{I}\,\chi\rangle. \tag{19a}$$

Die „Streumatrix" läßt sich in den gewählten Basismatrizen wiederum schreiben als:

$$\Omega^\mathrm{I}=A^\mathrm{I}+B_n^\mathrm{I}\,\sigma_n, \tag{19b}$$

dabei sind die Koeffizienten A und B_1,B_2,B_3 Funktionen des Streuwinkels θ und des Azimuts.

---

[12] Dabei muß man ausgiebigen Gebrauch von der Beziehung (16a) machen.

Entsprechend gilt für die zweite Streuung:

$$\chi\rangle^{II} = \Omega^{II}\chi\rangle^{I}; \quad F\rangle^{II} = \chi\rangle^{II} e^{i(\vec{k}_{II}\vec{r}-\omega t)}. \tag{19c}$$

Für die Matrizen, die die Streustrahlen charakterisieren, erhält man dann (den Index I oder II haben wir je nach Bequemlichkeit nach oben oder unten gestellt):

$$\Gamma_I = \Omega_I \Gamma \Omega_I^\dagger \tag{20}$$

$$\Gamma_{II} = \Omega_{II} \Gamma_I \Omega_{II}^\dagger = \Omega_{II} \Omega_I \Gamma \Omega_I^\dagger \Omega_{II}^\dagger \tag{20a}$$

und daraus schließlich für die Intensität des zweiten Streustrahles:

$$\frac{J_{II}}{J} = \frac{\mathrm{Spur}\{\Gamma_{II}\}}{\mathrm{Spur}\{\Gamma\}} = \frac{\mathrm{Spur}\{\Omega_{II}\Omega_I \Gamma \Omega_I^\dagger \Omega_{II}^\dagger\}}{\mathrm{Spur}\{\Gamma\}}$$
$$= \frac{\mathrm{Spur}\{\Gamma \Omega_I^\dagger \Omega_{II}^\dagger \Omega_{II} \Omega_I\}}{\mathrm{Spur}\{\Gamma\}}. \tag{20b}$$

(Bei der letzten Umformung haben wir von einer allgemeinen Regel über die Spur von Matrixprodukten[13] Gebrauch gemacht.)

Nachstehend werden wir zeigen, daß sich aus (20b) die nach den experimentellen Befunden generell gültige Gl. (10) genau dann ergibt, wenn die im folgenden angeführten Voraussetzungen erfüllt sind.

Zunächst lassen sich die aus Ω_I und Ω_{II} gebildeten hermiteschen Matrizen $\Omega_I \Omega_I^\dagger$ und $\Omega_{II}^\dagger \Omega_{II}$ wieder in der Form

$$\Omega_I \Omega_I^\dagger = C_I(1+P_s^I \sigma_s) \quad \text{und} \quad \Omega_{II}^\dagger \Omega_{II} = C_{II}(1+P_s^{II}\sigma_s) \tag{21}$$

mit reellen C und P schreiben. Für die P in (21) müssen wir nun die Gültigkeit der Beziehung

$$\frac{P_m^I}{P_s^I} = \frac{(\vec{e}_m \vec{n}_I)}{(\vec{e}_s \vec{n}_I)} \quad \text{und entsprechend} \quad \frac{P_m^{II}}{P_s^{II}} = \frac{(\vec{e}_m \vec{n}_{II})}{(\vec{e}_s \vec{n}_{II})} \tag{21a}$$

verlangen; d.h. die Feldgleichungen müssen so beschaffen sein, daß sich bei der Streuung an einem isotropen elektrischen Feld solche Streumatrizen errechnen lassen, welche diesen Beziehungen (21a) genügen.

Damit wird aber durch die experimentell beobachteten Effekte eine geometrische Interpretation der in (16) willkürlich eingeführten Numerierung der Matrizen gegeben. Wir können jetzt einen Vektor

$$\vec{e}_s P_s = \vec{P} = P\vec{n} \quad \text{aus} \quad P_s^I \text{ bzw. } P_s^{II},$$

---

[13] Aus $A_{\mu\lambda}B_{\lambda\mu} = B_{\lambda\mu}A_{\mu\lambda}$ folgt $\mathrm{Spur}\{A \cdot B\} = \mathrm{Spur}\{B \cdot A\}$.

und ebenso einen Matrix-Vektor

$$\vec{\sigma} = \vec{e}_s \sigma_s$$

bilden. Dann wird aus (21):

$$\Omega_I \Omega_I^\dagger = C_I\{1 + P_I(\vec{n}_I \vec{\sigma})\}, \quad \text{und entsprechend } \Omega_{II}^\dagger \Omega_{II}. \tag{22}$$

Hier müssen wir nun noch fordern:

$$C = C(\theta) \quad \text{und} \quad P = P(\theta) \tag{22a}$$

und weiter, (s. u. bei Gl. (24)),

$$|P_I| \leq 1 \quad \text{und} \quad |P_{II}| \leq 1. \tag{22b}$$

Schließlich muß noch eine letzte Annahme gemacht werden: wir müssen voraussetzen, daß der einfallende Strahl „unpolarisiert" ist.

Der Begriff des „unpolarisierten Strahles" bedarf einiger Diskussion. Wir erinnern an die Definition des „unpolarisierten Lichtes" in der elektromagnetischen Theorie der klassischen Optik. Jede Lösung der Maxwellschen Gleichungen, die in ihrem räumlichen Fortschreiten durch eine ebene Welle charakterisiert ist, ist notwendig vollständig transversal polarisiert (elliptisch, mit den Spezialfällen linear oder zirkular) und jede additive Überlagerung zweier vollständig polarisierter Lösungen ergibt wieder eine solche. Ein unpolarisierter Strahl *kann* also *nicht* eine Lösung der Maxwellschen Gleichungen sein (!). Auch in der klassischen Optik muß man annehmen, daß ein unpolarisierter Strahl eine „inkohärente Überlagerung" sehr vieler, einzeln vollständig polarisierter Strahlen ist, an deren Polarisationsrichtungen und Phasen eine sehr scharfe Bedingung gestellt wird: Bildet man durch Addition die Gesamtfeldstärken und aus ihnen quadratische Ausdrücke (z.B. für die Energiedichte) oder bilineare Ausdrücke (z.B. für den Poyntingvektor), so müssen die relativen Phasen so verteilt sein, daß alle Interferenzglieder verschwinden. Das ist eine Voraussetzung, die über die Maxwellsche Elektrodynamik hinausgeht; sie impliziert eigentlich nicht nur eine atomistische Struktur der Lichtquellen, sondern verlangt auch schon die volle thermodynamische Statistik. Daß ein solches ernstes Problem in der klassischen Kontinuumsoptik vorliegt, ist schon 1821 von Fresnel in seiner elastischen Äthertheorie des Lichtes ausgesprochen und diskutiert worden. Es wird für Maxwell klar gegenwärtig gewesen, aber von ihm kaum als Dilemma empfunden worden sein, da er fast gleichzeitig mit der

Elektrodynamik auch die kinetische Gastheorie schuf und die statistische Thermodynamik begründete[14].

Wissenschaftsgeschichtlich scheint uns interessant, daß die — unseres Wissens zuerst von J. v. Neumann und H. Weyl so formulierte — Unterscheidung zwischen ,,reinen Fällen" (das sind Lösungen der Feldgleichungen) und den ,,Gemischen" (das sind inkohärent statistische Überlagerungen von ,,reinen Fällen") erst seit dem Entstehen der Quantenmechanik allen Physikern geläufiges Begriffsgut geworden ist und oftmals als typisch für quantenmechanische Situationen erklärt wird (!), obwohl gerade diese Unterscheidung schon für die Maxwellsche (und vorher für die Fresnelsche) Theorie der klassischen Optik unerläßlich ist.

Eine analoge Situation liegt auch beim Kathodenstrahl vor. Jede als ebene Welle darstellbare Lösung (14) der Kathodenstrahlungsfeldgleichung ist vollständig ,,polarisiert", d.h., sie erfordert zu ihrer Charakterisierung neben der Angabe ihrer Intensität J auch die Angabe der drei Zahlen π_1, π_2 und π_3 in (18), mit $\pi_s\,\pi_s = 1$. Als unpolarisierten Strahl bezeichnen wir eine inkohärente Überlagerung von vielen (n) solcher Lösungen, bei der die für jede einzelne (Nummer ν) vorliegenden Werte $\pi_1^{(\nu)}$, $\pi_2^{(\nu)}$, $\pi_3^{(\nu)}$ so verteilt sind, daß ihre Mittelwerte:

$$\left(\sum_{\nu=1}^{n} J^{(\nu)}\,\pi_s^{(\nu)}\right) \Big/ \left(\sum_{\nu=1}^{n} J^{(\nu)}\right) = \overline{\{\pi_s\}} \quad \text{mit } s = 1,\,2 \text{ oder } 3$$

etwa wie $1/\sqrt{n}$ gegen Null gehen. Erst im Limes $n \Rightarrow \infty$ kann man also eigentlich streng von einem unpolarisierten Strahl sprechen. Die Gl. (20) gilt zunächst, als Lösung der Kathodenstrahlungsfeldgleichung, nur für jede einzelne der n Lösungen, aus denen der einfallende unpolarisierte Strahl zusammengesetzt ist. Da in (20) aber die π_s linear auftreten, kann man auch die Streustrahlung inkohärent überlagern und erhält so:

$$\frac{\{J\}_{\text{Streustrahl I}}}{\{J\}_{\text{Strahl}}} = \frac{\text{Spur}\{\Gamma_{\text{Streustrahl I}}\}}{\text{Spur}\{\Gamma_{\text{Strahl}}\}} = \frac{\text{Spur}\{\Omega_{\text{I}}\,\Gamma_{\text{Strahl}}\,\Omega_{\text{I}}^{\dagger}\}}{\text{Spur}\{\Gamma_{\text{Strahl}}\}}. \quad (23)$$

Für einen unpolarisierten einfallenden Strahl ist, infolge der Mittelung, Γ_{Strahl} ein Vielfaches der Einheitsmatrix und demgemäß läßt

---

14 Es wäre wissenschaftsgeschichtlich reizvoll, zu untersuchen, wie sich andere Physiker, die, wie z.B. E. Mach, noch bis über die Jahrhundertwende hinaus jede Atomistik ablehnten, mit dem Problem der inkohärenten Überlagerung auseinandergesetzt bzw. es beiseite geschoben haben. In der ,,Optik" von E. Mach wird es nur sehr beiläufig behandelt, wie auch in den meisten neueren Lehrbüchern der klassischen Optik.

sich $\Gamma_{\text{Streustrahl}}$ schreiben als:

$$\Gamma_{\text{Streustrahl}} = \Gamma_{\text{Strahl}}\, \Omega_{\text{I}}\, \Omega_{\text{I}}^{\dagger} = \Gamma_{\text{Strahl}}\, C_{\text{I}}(1 + \vec{P}_{\text{I}}\, \vec{\sigma}). \tag{23a}$$

Den Streustrahl wird man dann als „partiell polarisierte" inkohärente Überlagerung mit dem Polarisationsvektor $\vec{P}_{\text{I}}$ auffassen. An $\vec{P}_{\text{I}}$ muß demnach die Forderung (22b) gestellt werden. Für die nochmalige Streuung liefert dann (20) entsprechend:

$$\Gamma_{\text{Streustrahl II}} = \Omega_{\text{II}}\, \Gamma_{\text{Streustrahl I}}\, \Omega_{\text{II}}^{\dagger} \tag{23b}$$

und aus (20b) ergibt sich nach simpler Rechnung:

$$\frac{\{J\}_{\text{Streustrahl II}}}{\{J\}_{\text{Strahl}}} = C_{\text{I}}\, C_{\text{II}} \{1 + (\vec{P}_{\text{I}} \cdot \vec{P}_{\text{II}})\}. \tag{24}$$

Wie man sieht, ist diese Beziehung genau dann mit der empirischen Ablenkungswinkel- und Azimutabhängigkeit (10) in Einklang, wenn die Gln. (21a) bis (22b) gelten.

Bestimmung der Feldfunktion

Aus Γ_0 und $\vec{\pi}$ bestimmen sich nach (18) und (16) die Matrix Γ und die Feldfunktion $F\rangle$ zu:

$$\Gamma = \Gamma_0 \begin{pmatrix} (1+\pi_3) & (\pi_1 - i\,\pi_2) \\ (\pi_1 + i\,\pi_2) & (1-\pi_3) \end{pmatrix}, \tag{25a}$$

$$F\rangle = e^{i\delta}\sqrt{\Gamma_0} \begin{pmatrix} \sqrt{1+\pi_3} \\ \dfrac{\pi_1 + i\,\pi_2}{\sqrt{1+\pi_3}} \end{pmatrix} e^{i(\vec{k}\,\vec{r}-\omega t)}. \tag{25b}$$

In der Feldfunktion erscheint also in der Amplitude ein nicht festgelegter Phasenfaktor $e^{i\delta}$, der aber in keine der physikalischen Eigenschaften des Feldes eingeht. Für einen Puristen, der nur „unmittelbar dem Experiment zugängliche Größen" in der Theorie zulassen will, wäre es vielleicht sinnvoller, konsequent das Feld nicht durch $F\rangle$ sondern durch Γ zu beschreiben, vgl. auch das bei Gl. (32) Gesagte. Jedoch ist es für die Formulierung der Quantelungsvorschrift (s.u. bei Gl. (54)) etwas bequemer, das Feld $F\rangle$ zu benutzen und die Unbestimmtheit der Phase, die physikalisch irrelevant ist, in Kauf zu nehmen. Ein solcher Purist wäre aber wohl genötigt, konsequenterweise auch die Gl. (4) umzuschreiben in eine unbequemere Gleichung, die, anstelle der Potentiale $\vec{A}$, Φ der äußeren elektromagnetischen Felder, nur diese Felder $\vec{B}$, $\vec{E}$ selbst enthält.

Drehung des Koordinatensystems

Man gehe von dem rechtshändigen orthogonalen Dreibein $\{\vec{e}_1, \vec{e}_2, \vec{e}_3\}$ zu einem anderen $\{\vec{\tilde{e}}_1, \vec{\tilde{e}}_2, \vec{\tilde{e}}_3\}$ über:

$$\vec{\tilde{e}}_m = D_{ms}\, \vec{e}_s; \quad \vec{e}_s = \vec{\tilde{e}}_m\, D_{ms}. \tag{26}$$

Klassische Feldtheorie der polarisierten Kathodenstrahlung 17

Die Elemente der Drehmatrix D erfüllen die Relationen:

$$D_{ms}D_{ns} = D_{rm}D_{rn} = \delta_{mn} \quad \text{und} \quad \varepsilon^{mns}D_{mm'}D_{nn'}D_{ss'} = \varepsilon^{m'n's'}. \quad (27)$$

In dem neuen Koordinatensystem seien $\check{n}_s$ die Komponenten der Normalen zur Streuebene:

$$\vec{n} = n_s \vec{e}_s = \check{n}_s \check{\vec{e}}_s, \quad \text{mit} \quad \check{n}_s = D_{sm}n_m. \quad (28)$$

Wegen (21a) legen die Ausdrücke für die Streumatrix Ω und für die Feldmatrix Γ es nahe, beim Wechsel des Koordinatensystems auch die Komponenten des Polarisationsvektors π_s und auch die Matrizen $\sigma_1, \sigma_2, \sigma_3$ wie die Komponenten des axialen Vektors $\vec{n}$ zu transformieren[15]:

$$\begin{aligned}\vec{\pi} &= \pi_s \vec{e}_s = \check{\pi}_s \check{\vec{e}}_s \quad \text{mit} \quad \check{\pi}_s = D_{sm}\pi_m \\ \vec{\sigma} &= \sigma_s \vec{e}_s = \check{\sigma}_s \check{\vec{e}}_s \quad \text{mit} \quad \check{\sigma}_s = D_{sm}\sigma_m.\end{aligned} \quad (29)$$

Die einfache Bestimmung der Matrix Γ durch Γ_0 und $\vec{\pi}$ gemäß (25a) gilt nach dem vorstehenden nur in dem einen Koordinatensystem, in dem die Basismatrizen die einfache Form (16) haben.

Unitäre Transformationen

Um dieser Unbequemlichkeit abzuhelfen, ist es üblich geworden, auch die Feldfunktionen durch eine unitäre Matrix U so zu transformieren, daß (25a, b) allgemein gilt. U sei so definiert, daß

$$U\check{\sigma}_s U^\dagger = D_{sm}U\sigma_m U^\dagger = \sigma_s \quad \text{mit} \quad UU^\dagger = U^\dagger U = 1, \quad (30)$$

d. h., in jedem Koordinatensystem sollen die durch die unitäre Transformation erzeugten Matrizen σ_s die Form (16) haben.

Für

$$\check{\chi}\rangle = U\chi\rangle \quad \text{und} \quad \check{\Gamma} = U\Gamma U^\dagger \quad (31)$$

gilt dann wieder (25a, b) mit $\check{\Gamma}$ statt Γ und $\check{n}_s$ statt π_s. Die mit $\check{\Gamma}$ statt mit Γ gebildeten Ausdrücke für die physikalischen Eigenschaften des Feldes (s. u.) bleiben dabei unverändert; z. B. ist

$$-\frac{\varrho}{q} = \text{Spur}\{\Gamma\} = \text{Spur}\{U^\dagger U\Gamma\} = \text{Spur}\{U\Gamma U^\dagger\} = \text{Spur}\{\check{\Gamma}\}. \quad (32)$$

Bekanntlich sind die unitären Transformationen U eine mehrdeutige Abbildung der Drehungen; z. B. gehört zur Drehung um 360° um eine Achse als unitäre Transformation die Multiplikation mit -1. In der klassischen Feldtheorie ist diese Zweideutigkeit physikalisch irrelevant, und sie tritt gar nicht auf, wenn man die Feldmatrix Γ statt $F\rangle$ für die Beschreibung des Kathodenstrahlfeldes zugrunde legt (vgl. dazu das oben bei Gl. (25a, b) Gesagte). Im allgemeinen Fall müßte man dann $\Gamma_{\mu\nu}(\vec{r}, \vec{r}', t) = F_\mu(\vec{r}, t)\dot{F}_\nu(\vec{r}', t)$ benützen, und die Diagonalelemente bezüglich $\vec{r}$ und $\vec{r}'$, wie üblich, durch Integration über $\vec{r}'$ mit der Gewichtsfunktion $\delta(\vec{r}-\vec{r}')$ definieren, und entsprechend die Matrixmultiplikation bezüglich $\vec{r}$ und $\vec{r}'$.

---

[15] Wegen der Eigenschaften (27) der Drehmatrix genügen auch die transformierten Matrizen $\check{\sigma}_n$ den Relationen (16a).

Die klassischen Feldgleichungen

Der starke Polarisationseffekt (9) bei den Röntgenstrahlen liegt letzten Endes darin begründet, daß die zugehörige Feldgleichung (12) die Feldkomponenten $\mathscr{E}_n$ mit verschiedenen Werten des Index n eng miteinander verkoppelt. Umgekehrt wird der experimentell so mühsam zu erfassende analoge Effekt (10) bei der Kathodenstrahlung seinen Grund darin haben, daß ihn nur kleine Zusatzglieder in der Feldgleichung bewirken. Wenn man (4) als Grundgleichung übernähme und nur darin $f(\vec{r}, t)$ durch $F(\vec{r}, t)\rangle$ ersetzte, so träten darin keine Matrizen vom Typ σ auf und die „Komponenten" von $F\rangle$ blieben ganz entkoppelt. Ein besonders einfaches Zusatzglied, das zwar, wie sich zeigt, noch nicht den Effekt (10) liefert, wohl aber die Strahlverbreiterung in inhomogenen Magnetfeldern richtig beschreibt, ist:

$$\frac{c_\varkappa g_\varkappa}{2c} (\vec{B}\vec{\sigma}) F\rangle. \tag{33}$$

Für andere (neutrale) Materiefelder, deren Wellencharakter erstmals durch I. Estermann und O. Stern experimentell direkt nachgewiesen wurde [Z. Physik **61**, 95 (1930)], z.B. für einen Alkalidampfstrahl, muß man die, aus Wellenlänge und Gruppengeschwindigkeit bestimmbare, für das betreffende Feld charakteristische Konstante $c_\varkappa$ in die Feldgleichung (4) bzw. (34a) einsetzen, und $g_\varkappa = 0$ setzen, außer im Zusatzglied (33), in dem $c_\varkappa g_\varkappa / 2c$ durch eine entsprechende, für das betreffende Feld charakteristische Konstante zu ersetzen ist, s.u. Anhang II. Dann liefert aber die klassische Feldgleichung (34) in inhomogenen Magnetfeldern gerade die Stern-Gerlachsche Strahlaufspaltung, in der gleichen Weise, wie sich in der klassischen Optik in anisotropen Medien die Strahlaufspaltung ergibt, die im Nicol-Prisma ausgenutzt wird. [Wegen der Tatsache, daß für die Kathodenstrahlung als Folge von (33) nicht eine Strahlaufspaltung im inhomogenen Magnetfeld resultiert, vgl. W. Pauli, Collected Papers II, 547 ff. und 603, und die dort zitierte Literatur.]

Die Grundgleichung mit diesem Zusatzglied lautet also

$$-\frac{1}{i}\frac{\partial}{\partial t} F\rangle = \left\{\frac{c_\lambda}{2}\left(\vec{\varkappa}^2 + \frac{g_\varkappa}{c}(\vec{B}\vec{\sigma})\right) - g_\varkappa \Phi\right\} F\rangle, \tag{34}$$

wenn wir die Abkürzung $\vec{\varkappa}$ für den immer wiederkehrenden Ausdruck

$$\frac{\vec{V}}{i} + \frac{g_\varkappa}{c}\vec{A} = \vec{\varkappa} \tag{34a}$$

einführen. Das „Zusatzglied" ergibt sich sehr organisch, wenn man (34) in die Form:

$$-\frac{1}{i}\frac{\partial}{\partial t}F\rangle = \left\{\frac{c_\varkappa}{2}(\vec{\sigma}\vec{\varkappa})^2 - g_\varkappa \Phi\right\}F\rangle \tag{35}$$

umschreibt; die Identität von (34) und (35) ist eine Folge der Relationen (16a) für die Matrizen σ und der Gleichung:

$$\frac{ic}{g_\varkappa}[\vec{\varkappa}\times\vec{\varkappa}] = \mathrm{rot}\, \vec{A} = \vec{B}.$$

Zuordnung der Feldfunktionen $F\rangle$ zu anderen physikalischen Größen

Wenn wir in Entsprechung zu (5) für die Ladungsdichte den Ausdruck (13) wählen; $\varrho(\vec{r}, t) = -q\langle F|F\rangle$, so garantiert (35) eine Kontinuitätsgleichung (6) mit

$$\frac{-1}{qc_\varkappa}\cdot\vec{j}(\vec{r},t) = \frac{\langle\vec{\sigma}F|(\vec{\sigma}\vec{\varkappa})F\rangle + \langle(\vec{\sigma}\vec{\varkappa})F|\sigma F\rangle}{2}. \tag{36}$$

Mit den Relationen (16a) läßt sich das umschreiben in

$$-\frac{1}{qc_\varkappa}\cdot\vec{j}(\vec{r},t) = \frac{\langle F|\vec{\varkappa}F\rangle + \langle\vec{\varkappa}F|F\rangle}{2} + \frac{1}{2}[\vec{\nabla}\times\langle F|\vec{\sigma}F\rangle], \tag{36a}$$

der letzte Anteil, $\frac{1}{2}[\vec{\nabla}\times\langle F|\vec{\sigma}F\rangle]$, ist divergenzfrei. Man könnte ihn dadurch escamotieren, daß man ihn explizit von (36) subtrahiert, ohne die Kontinuitätsgleichung zu ruinieren. Die einfache Form von (36) legt jedoch schon die Existenz eines solchen divergenzfreien Beitrags zum Strom nahe. Eindeutig festgelegt wird er aber durch den Ansatz für die Energiedichte des Kathodenstrahlfeldes. Diese sollte reell und nicht negativ sein. Anstelle des aus dem skalaren Feld $f(\vec{r},t)$ bei Jordan, Klein und Wigner[16] gebildeten Ausdrucks $(c_\varkappa/2)(q/g_\varkappa)(\vec{\varkappa}f)^*\cdot(\vec{\varkappa}f)$ für die Feldenergiedichte, ist es naheliegend, den Ansatz

$$U = \frac{c_\varkappa q}{2g_\varkappa}\langle(\vec{\sigma}\vec{\varkappa})F|(\vec{\sigma}\vec{\varkappa})F\rangle \tag{37}$$

zu machen. Die Feldgleichung (35) liefert dann den „Erhaltungssatz"

$$\frac{\partial U}{\partial t} + \mathrm{div}\,\vec{S} = (\vec{j}\cdot\vec{E}) \tag{37a}$$

---

[16] Siehe Fußnote 1 und 2, fortan als „J. K. u. W." zitiert.

mit einem, vom äußeren elektrischen Feld unabhängigen Energieströmungsvektor

$$\vec{S} = \frac{c_\varkappa^2}{2} \frac{q}{g_\varkappa} \frac{\langle (\vec{\sigma}\vec{\varkappa})F|\vec{\sigma}(\vec{\sigma}\vec{\varkappa})^2 F\rangle + \langle \vec{\sigma}(\vec{\sigma}\vec{\varkappa})^2 F|(\vec{\sigma}\vec{\varkappa})F\rangle}{2}, \quad (37b)$$

wenn man für $\vec{j}$ den Ausdruck (36), einschließlich dem divergenzfreien Anteil, wählt.

Der Ansatz für Energiedichte und für $\vec{S}$ ist der experimentellen Prüfung zugänglich, z.B. durch Messung der Aufladung und der Erwärmung des „target", für die Impulsdichte entsprechend: Kathodenstrahlungsdruck/Aufladung.

Neben der Energiedichte ist noch ein Ausdruck für die Impulsdichte $\vec{p}(\vec{r}, t) = \vec{e}_s p_s(\vec{r}, t)$ festzulegen, für deren zeitliche Ableitung zusammen mit der Divergenz eines Spannungstensors T_{mn} die Kraftgleichung:

$$\frac{\partial p_n}{\partial t} + V_s T_{sn} = \varrho E_n + \frac{1}{c}[\vec{j}\times\vec{B}]_n = \varrho E_n + \frac{\varepsilon^{nrs}}{c} j_r B_s \quad (38)$$

aus (35) folgen muß. Dies läßt sich zwar erfüllen, wenn man für den Strom den Ansatz (36) wählt, und für $\vec{p}$ den einfachen Ausdruck

$$\frac{q}{g_\varkappa} \frac{\langle F|\vec{\varkappa} F\rangle + \langle \vec{\varkappa} F|F\rangle}{2};$$

jedoch ist der sich dann ergebene Spannungstensor T_{ns} nicht symmetrisch, und ist explizit von den äußeren Feldern abhängig. Symmetrieforderung und „Unabhängigkeit von den äußeren Feldern" sind nur dann gewährleistet, wenn man für die Impulsdichte (ähnlich wie bei der Stromdichte) einen ergänzenden Term hinzufügt:

$$\vec{p}(\vec{r}, t) = \frac{q}{g_\varkappa} \left\{ \frac{\langle F|\vec{\varkappa} F\rangle + \langle \vec{\varkappa} F|F\rangle}{2} + \frac{1}{4}[\vec{V}\times\langle F|\vec{\sigma} F\rangle]\right\} \quad (39)$$

oder den damit äquivalenten Ausdruck:

$$\vec{p} = \frac{q}{g_\varkappa} \left\{ \frac{\langle \vec{\sigma} F|(\vec{\sigma}\vec{\varkappa})F\rangle + \langle (\vec{\sigma}\vec{\varkappa})F|\vec{\sigma} F\rangle}{2} - \frac{1}{4}[\vec{V}\times\langle F|\vec{\sigma} F\rangle]\right\}. \quad (39a)$$

Der Spannungstensor lautet dann:

$$\frac{8g_\varkappa}{q c_\varkappa} T_{sn} = \langle F|(\varkappa_n \sigma_s + \sigma_n \varkappa_s)(\vec{\sigma}\vec{\varkappa})F\rangle$$
$$+ \langle (\varkappa_n \sigma_s + \sigma_n \varkappa_s)(\vec{\sigma}\vec{\varkappa})F|F\rangle$$
$$+ \langle (\vec{\sigma}\vec{\varkappa})F|(\varkappa_n \sigma_s + \sigma_n \varkappa_s)F\rangle \quad (40)$$
$$+ \langle (\varkappa_n \sigma_s + \sigma_n \varkappa_s)F|(\vec{\sigma}\vec{\varkappa})F\rangle.$$

Es ist zu beachten, daß Stromdichte und Impulsdichte nicht mehr zueinander proportional sind. Der Zusatzterm $[\vec{V} \times \langle F|\vec{\sigma} F\rangle]$ tritt in der Stromdichte relativ zum Term $\langle F|\vec{\varkappa} F\rangle$ mit einem doppelt so großen Faktor auf wie in der Impulsdichte, wenn man die genannten Postulate erfüllen will. Bei der Quantelung ergibt sich so automatisch der Landéfaktor des gequantelten Pauli-Schrödingerschen Partikelbildes (vgl. dazu das unten nach Gl. (43c) Gesagte).

Gesamtenergie, Gesamtimpuls, Gesamtdrall

Für Felder, die im Unendlichen hinreichend stark abfallen, so daß Oberflächenintegrale einen verschwindenden Beitrag liefern, läßt sich das Raumintegral der Feldenergiedichte (39) unter Benutzung der Multiplikationsregeln (16a), und geeigneten partiellen Integrationen umschreiben in:

$$\int U\, d\tau = \frac{c_\varkappa}{2}\frac{q}{g_\varkappa}\int d\tau \langle \vec{\varkappa} F|\vec{\varkappa} F\rangle + \frac{q}{c}\frac{c_\varkappa}{2}\int d\tau (\vec{B}\langle F|\vec{\sigma} F\rangle)$$
$$= \frac{c_\varkappa}{2}\frac{q}{g_\varkappa}\int d\tau \langle F|\vec{\varkappa}^2 F\rangle + \frac{q}{c}\frac{c_\varkappa}{2}\int d\tau (\vec{B}\cdot\langle F|\vec{\sigma} F\rangle). \tag{41}$$

Zu der von J. K. u. W. angegebenen Feldenergie eines skalaren Feldes tritt ein Term hinzu, der als eine Wechselwirkung des äußeren Magnetfeldes mit einer räumlich verteilten magnetischen Momentdichte

$$-\frac{q}{c}\frac{c_\varkappa}{2}\langle F|\vec{\sigma} F\rangle$$

interpretiert werden könnte. (41) gilt aber nur für das Raumintegral. Lokal läßt sich U schreiben als:

$$U = \frac{c_\varkappa}{2}\frac{q}{g_\varkappa}\langle \vec{\varkappa} F|\vec{\varkappa} F\rangle + \frac{q}{c}\frac{c_\varkappa}{2}(B\cdot\langle F|\vec{\sigma} F\rangle)$$
$$+ \frac{c_\varkappa q}{2 g_\varkappa}\left(\vec{V}\frac{\langle F|[\vec{\varkappa}\times\vec{\sigma}] F\rangle + \langle [\vec{\varkappa}\times\vec{\sigma}]F|F\rangle}{2}\right) \tag{41a}$$

der merkwürdige Kopplungsterm zwischen Polarisation und Strömung entfällt erst nach der räumlichen Integration.

Für den Gesamtimpuls fällt bei der räumlichen Integration der Zusatzanteil in (39) fort,

$$\int \vec{p}\, d\tau = \frac{q}{g_\varkappa}\int \frac{\langle F|\vec{\varkappa} F\rangle + \langle \vec{\varkappa} F|F\rangle}{2}\, d\tau = \frac{q}{g_\varkappa}\int \langle F|\vec{\varkappa} F\rangle\, d\tau. \tag{42}$$

Durch vektorielle Multiplikation der Impulsdichte (39) mit dem Ortsvektor $\vec{r}$, (bei beliebiger Wahl des Bezugspunktes $\vec{r}=0$), und räumlicher Integration ergibt sich der Gesamtdrall, der in zwei Anteile zerfällt:

$$\vec{I} = \int [\vec{r} \times \vec{p}] \, d\tau = \vec{\mathscr{L}} + \vec{\Sigma} \qquad (43)$$

mit

$$\vec{\mathscr{L}} = \frac{q}{g_\varkappa} \int \left[\vec{r} \times \frac{\langle F | \vec{\varkappa} F \rangle + \langle \vec{\varkappa} F | F \rangle}{2} \right] d\tau = \frac{q}{g_\varkappa} \int [\vec{r} \times \langle F | \vec{\varkappa} F \rangle] \, d\tau, \quad (43\,\mathrm{a})$$

und

$$\vec{\Sigma} = \frac{1}{4} \frac{q}{g_\varkappa} \int [\vec{r} \times [\vec{V} \times \langle F | \vec{\sigma} F \rangle]] \, d\tau = \frac{1}{2} \frac{q}{g_\varkappa} \int \langle F | \vec{\sigma} F \rangle \, d\tau. \quad (43\,\mathrm{b})$$

Der zweite Anteil am Drehimpuls, (43b), ist von der Wahl des Bezugspunktes $\vec{r} = 0$ unabhängig. Er kann mit Fug und Recht als „Innerer Drall" des Kathodenstrahles bezeichnet werden. Die einfache Form nimmt (43b), wie man sieht, erst nach der Integration an. Der Integrand auf der linken Seite von (43b) läßt sich so umformen:

$$[\vec{r} \times [\vec{V} \times \langle F | \vec{\sigma} F \rangle]] = 2 \langle F | \vec{\sigma} F \rangle + \vec{V}(\vec{r} \cdot \langle F | \vec{\sigma} F \rangle) + (\vec{V} \cdot \vec{r}) \langle F | \vec{\sigma} F \rangle,$$

er enthält also, ebenso wie die Energiedichte, einen Zusatzterm in Form einer Tensordivergenz.

Für ein konstantes Magnetfeld $\vec{B}$ und fehlendes, oder radialsymmetrisches, elektrisches Feld, $\vec{E} = E\vec{r}/r$, leitet man leicht ab, daß aus (34) bzw. (38) und (39) für die zeitliche Änderung von $\vec{\mathscr{L}}$ und $\vec{\Sigma}$ sich die Gleichungen

$$\frac{d\vec{\mathscr{L}}}{dt} = \frac{c_\varkappa g_\varkappa}{2c} [\vec{B} \times \vec{\mathscr{L}}] \quad \text{und} \quad \frac{d\vec{\Sigma}}{dt} = \frac{c_\varkappa g_\varkappa}{c} [\vec{B} \times \vec{\Sigma}] \qquad (43\,\mathrm{c})$$

ergeben. Die Larmorfrequenz ist also für den „inneren Drall" des Kathodenstrahlfeldes doppelt so groß wie für den Drehimpulsanteil, der im skalaren Feld allein auftreten würde. Dies entspricht dem Landéfaktor 2 im gequantelten (Schrödinger-Paulischen) Partikelbild. Dort muß er aber explizit gefordert werden, während er sich bereits im klassischen Feldbild, bei dem beide Drallanteile noch nicht gequantelt sind[17], zwangsläufig ergibt, wenn man

---

[17] Trotz des Auftretens von σ im Integranden in (43b) wird in der klassischen Feldtheorie jeder Komponente $\Sigma_n = (\vec{e}_n \vec{\Sigma})$ unabhängig vom Wert der andern Komponenten Σ_m eine physikalische Bedeutung zugeschrieben. Erst bei der Quantelung des Feldes werden $\vec{\Sigma}$ und $\vec{\mathscr{L}}$ in (43) zu Operatoren, für die — als Folge der Vertauschungsregeln der Feldgrößen F_μ — die Vertauschungsregeln resultieren, die aus der Quantelung des Partikelbildes bekannt sind.

Klassische Feldtheorie der polarisierten Kathodenstrahlung 23

I. den Polarisationsphänomenen der Kathodenstrahlung gerecht werden will,

II. den Ansatz (37) für die positiv definite Energiedichte des Kathodenstrahlfeldes macht, und

III. die „Erhaltungssätze" (37a) und (38) für die Energie- und Impulsdichte, mit nicht explizite von den äußeren Feldern abhängigem „Poyntingsschen" Energieströmungsvektor und Spannungstensor fordert.

Das Auftreten von $\vec{A}$ in $\vec{v}$ in Gl. (34a) und den anschließenden Ausdrücken beinhaltet die Tatsache, daß mit $\vec{p}$ in (38) und (39) die Dichte des mechanischen Newtonschen Impulsvektors gemeint ist, und nicht etwa die von generalisierten „Lagrange-Impulsen" (ganz wie in der Partikelmechanik).

Überhaupt lassen sich die Ansätze (36), (37), (37b), (39), (40) auch plausibel machen aus Überlegungen zu den Symmetrieeigenschaften der Lagrangefunktion, wenn man die Feldgleichung (35) in der üblichen Weise aus einem Lagrangeformalismus herleitet. Wir haben hier (38) und (37a) vorgezogen.

Wieder gelten die einfachen Gleichungen der Larmorpräzession nur für die integralen Ausdrücke. Für die „Dichte des inneren Dralls" gilt

$$\frac{d}{\partial t}\langle F|\vec{\sigma}\,F\rangle = \frac{c_\varkappa g_\varkappa}{c}[\vec{B}\times\langle F|\vec{\sigma}\,F\rangle] + V_s\,\Theta_{rs}\vec{e}_r$$

mit

$$\Theta_{rs} = c_\varkappa \frac{\langle \varkappa_s F|\sigma_r F\rangle + \langle \sigma_r F|\varkappa_s F\rangle}{2}$$

das zusätzliche Tensordivergenzglied, d.h. der Beitrag der Divergenz der Drallströmungsdichte, fällt erst nach der Raumintegration fort.

Polarisation durch Streuung an isotropen (=radialsymmetrischen) äußeren elektrischen Feldern

Gl. (35) liefert noch nicht den Polarisationseffekt bei der Streuung in einem isotropen elektrischen Potential $\Phi(r)$, wie er durch die experimentellen Daten gemäß (19a), (19b) und (22) gefordert wird. Wie gesagt, ist dieser Effekt für langwellige Kathodenstrahlen klein in dem Sinne, daß in (19b) fast überall $|A| \gg |B_n|$, bzw. in (22) $|P| \ll 1$ ist (außer in engen Winkelbereichen). „Langwellige Kathodenstrahlen" liegen vor, wenn $|c_\varkappa\langle F|\vec{\varkappa}F\rangle| \ll |c\cdot\langle F|F\rangle|$, m. a. W., wenn $|\vec{j}| \ll c\,|\varrho|$ ist (mit $c=$ Lichtgeschwindigkeit).

Deshalb werden wir den Effekt durch „Störungsglieder" zu (35) beschreiben müssen, die ebenfalls gegen die Einzelterme von (35) im Verhältnis $|\vec{j}|/c\,|\varrho|$ klein sind. Diese Zusatzglieder hätte man wahrscheinlich ohne den Leitfaden am gequantelten Partikelbild aus den experimentellen Befunden nur mühsam herauspräpariert; für unseren Zusammenhang ist es jedoch nur wichtig, daß sie durchaus im klassischen Feldbild unterzubringen sind. Man muß die rechte Seite in (35) ergänzen durch[18]:

$$\frac{g_{\varkappa}\,c_{\varkappa}^{2}}{4\,c^{2}}\left\{(\vec{E}\cdot[\vec{\varkappa}\times\vec{\sigma}])+\frac{\operatorname{div}\vec{E}}{2}\right\}F\rangle; \qquad (44)$$

für ein radialsymmetrisches äußeres elektrisches Feld

$$\vec{E}=-\operatorname{grad}\,\varPhi=-\frac{d\varPhi}{dr}\left(\frac{\vec{r}}{r}\right)$$

ist

$$(\vec{E}\cdot[\vec{\varkappa}\times\vec{\sigma}])=-\frac{1}{r}\frac{d\varPhi}{dr}\,([\vec{r}\times\vec{\varkappa}]\cdot\vec{\sigma}).$$

Die Feldgleichung enthält mit (44) eine, durch das äußere Feld vermittelte, schwache Kopplung des inneren Dralls an die Energieströmung, die bei der Streuung die Polarisation des Streustrahls verursacht. In der Näherung, in der man $|\vec{j}/c\varrho|^{2}$ gegen 1 vernachlässigen kann, gibt (35) mit dem Zusatzglied (44) und den daraus berechneten Streumatrizen (19b) und (22) die beobachteten Polarisationsphänomene in ihrer Wellenlängen- und Winkelabhängigkeit richtig wieder. Daß die schwache Kopplung in schmalen Winkelbereichen eine fast vollständige Polarisation veranlassen kann, kommt im Zusammenspiel mit dem „differentiellen Ramsauereffekt" zustande.

Selbstwechselwirkung

Da die Kathodenstrahlung Träger von Ladungen ist, müssen verschiedene Teile des Strahles aufeinander wirken. In der statischen Näherung — (unter Absehung von Retardierungseffekten und bei Außerachtlassen der erst in höherer Näherung zu berücksichtigenden Strom-Strom-Wechselwirkung, s. u.) —, möchte man vermuten, daß in (35) das äußere elektrische Potential $\varPhi(r)$ zu

---

[18] Das Zusatzglied mit div $\vec{E}$ haben wir nur der Vollständigkeit halber, im Hinblick auf die relativistische Dirac-Gleichung, hinzugefügt; für das Zustandekommen der Polarisationsphänomene ist es irrelevant.

ergänzen wäre durch:

$$\Phi_{\text{eigen}}(\vec{r}, t) = \int \frac{\varrho(\vec{r}, t)}{|\vec{r} - \vec{r}'|} \, d\tau' \tag{45}$$

mit ϱ aus (13). Die Gl. (35) wird dann zu einer Integrodifferentialgleichung die nicht mehr linear in $F\rangle$ ist, und ihre mathematische Behandlung wird entsprechend mühsamer.

In einer seiner ersten Arbeiten zur Wellenmechanik weist Schrödinger[19] mit allem Nachdruck auf die Notwendigkeit einer solchen Ergänzung hin, falls man eine in sich geschlossene Feldtheorie gewinnen will. Die Tatsache, daß er in seiner Differentialgleichung für das Wasserstoffatom diesen Selbstkopplungsterm weglassen muß, kommentiert er: „... gerade die Geschlossenheit der Feldgleichungen erscheint somit in eigenartiger Weise durchbrochen. Man kann das heute wohl noch nicht ganz verstehen,...". Dieses Dilemma ist dann von Jordan und Klein endgültig aufgelöst worden, indem sie die fundamentale begriffliche Unterscheidung zwischen der Schrödingerschen Ψ-Funktion und der de Broglie-Davisson und Germerschen Wellenfunktion der Kathodenstrahlung hervorgehoben und präzisiert[20], und damit den Bohrschen Komplementaritätsgedanken unterbaut haben. Daß Schrödinger bis in seine letzten Tage mit dieser Auflösung des Dilemmas nicht recht zufrieden war, ist ein begriffsgeschichtlich und wissenschaftsgeschichtlich äußerst interessantes Faktum.

In einer Feldtheorie des Kathodenstrahles ist die Berücksichtigung der Selbstwechselwirkung gewiß unerläßlich. Sie beschreibt bei Strahlung hoher Intensität gerade die Selbstaufblähung des Strahles, die beim Bau von Beschleunigern durch aufwendige Fokussierungsfelder hintangehalten werden muß.

Spezialfall zeitlich konstanter äußerer Felder

Im folgenden wollen wir uns, der Einfachheit halber, auf den Fall zeitlich unveränderlicher äußerer elektromagnetischer Felder $\vec{E}$ und $\vec{B}$, bzw. Φ und $\vec{A}$ spezialisieren. Dann läßt sich die um (45) erweiterte Gl. (37) über den Raum integrieren, und nach partieller Integration von $(\vec{j}\vec{E}) = -(\vec{j}\vec{V})\Phi$ und Berücksichtigung der Kon-

---

19 Ann. Physik **82**, 265 (1927). Siehe insbesondere dort S. 270/71.
20 Auch für das „Einteilchen"-Problem bzw. „Einquanten-Problem", wie es das Wasserstoffatom bietet [s. u. nach Gl. (49)].

tinuitätsgleichung ergibt sich:

$$\mathscr{H} = \frac{c_\varkappa}{2}\frac{q}{g_\varkappa}\int d\tau \langle (\vec{\sigma}\,\vec{\varkappa})F|(\vec{\sigma}\,\vec{\varkappa})F\rangle + \int d\tau\, \varrho\, \Phi$$
$$+ \frac{1}{2}\iint d\tau\, d\tau'\, \frac{\varrho(\vec{r},t)\,\varrho(\vec{r}',t)}{|\vec{r}-\vec{r}'|} = \text{const} \qquad (46)$$

als „Gesamtenergie" des Kathodenstrahlungsfeldes, in die die „potentielle Energie des Kathodenstrahls im äußeren elektrischen Feld" sowie die „Selbstwechselwirkungsenergie des Kathodenstrahlfeldes" mit einbezogen ist; diese Gesamtenergie genügt einem Erhaltungssatz. Falls man die Gl. (35) noch durch den Zusatzterm (44) erweitert, muß man (46) ergänzen durch das Glied:

$$\int d\tau\, \frac{g_\varkappa c_\varkappa^2}{4c^2}\left\{\langle F|(\vec{E}\cdot[\vec{\varkappa}\times\vec{\sigma}])F\rangle + \frac{\operatorname{div}\vec{E}}{2}\langle F|F\rangle\right\}. \qquad (46\text{a})$$

Quantelung des Kathodenstrahlfeldes

Das simpelste Quantenphänomen an der Kathodenstrahlung ist die Tatsache, daß die Aufladung des „Target" in einzelnen Ladungsquanten $e = 4{,}80\cdot 10^{-10}$ cgs Einheiten (im Gaußschen System) geschieht[21]. Darum ist es naheliegend, die beiden Fundamentalkonstanten $c_\varkappa$ und $g_\varkappa$, Gl. (1) und (3a und b), auf diese Einheit zu beziehen. Zunächst hat, nach dem dort Gesagten, das Produkt beider die Dimension [Ladung/Masse], und man definiert m durch:

$$c_\varkappa g_\varkappa = \frac{e}{m}, \quad \text{also} \quad m = 0{,}991\cdot 10^{-27}\,\text{g}. \qquad (47)$$

Es ist vernünftig, diese Größe als „Masse des Kathodenstrahlungsquants" zu bezeichnen. Schließlich kann man, da die Fundamentalkonstante $c_\varkappa$ die Dimension [Wirkung/Masse] hat, auch die für die gequantelte Strahlung charakteristische Wirkung $\hbar$ definieren durch:

$$c_\varkappa = \frac{\hbar}{m} = 1{,}15\,\frac{\text{cm}^2}{\text{sec}}, \quad \text{also} \quad \hbar = 1{,}055\cdot 10^{-27}\,\text{erg sec}. \qquad (48)$$

So resultiert die Plancksche Konstante aus dem simplen Phänomen der Ladungsquantelung und den beiden Konstanten, die die Eigenschaften des „klassischen Kathodenstrahlungsfeldes" festlegen[22].

---

21 Man könnte sich etwa als Target einen idealisierten Fluoreszenzschirm denken; dann ist $e = $ (Aufladung/Zahl der Scintillationen).

22 Diese Festlegung von m und $\hbar$ kann man durch Diskussion der physikalischen Eigenschaften eines Kathodenstrahles, der sich als ebene Welle darstellen läßt, noch weiter stützen.

Ferner wird man für die bisher willkürliche Ladungseinheit q, die die „Amplituden" des Kathodenstrahlfeldes gemäß (36) festlegte, $q = e$ wählen.

Die Feststellung der Ladungsquantelung heißt dann: „für die im Kathodenstrahl enthaltene Ladung ist

$$-\frac{1}{e}\int d\tau\,\varrho = \int d\tau \langle F|F\rangle = N \qquad (49)$$

notwendig eine ganze Zahl". Wenn man diese Feststellung in der Form ausspricht, — (wie es Schrödinger beim Wasserstoffatom mit $N = 1$ vorgeschwebt hat[23]), — ... *in der Natur sind nur solche Feldamplituden $F(\vec{r}, t)\rangle$ realisiert, deren Integral $\int d\tau \langle F|F\rangle$ eine ganze Zahl ergeben...*, so ist die Feststellung ebenso unzulänglich wie in der Quantelung des Partikelbildes die „Auswahl von einzelnen Bahnen" durch die Bohr-Sommerfeldsche Phasenintegral-Bedingung $\oint p\,dq = n(2\pi\hbar)$. Jordans und Kleins großes Verdienst[24] ist es, klar formuliert zu haben, daß das klassische Feldbild in viel fundamentalerer Weise eingeschränkt ist. Statt von den Feldvariablen als Funktion von Ort und Zeit zu sprechen, kann man nur von „Zuständen des Feldes" sprechen, die nachstehend präzisiert werden[4]. Zunächst führen wir ein Symbol für den Feldzustand

$$|\rangle\!\rangle \qquad (50)$$

ein[25], das noch mit den nötigen Indizes dekoriert werden soll; z. B. das „Vakuum", d. h. der kathodenstrahlfeldfreie Raum, sei durch $|0\rangle\!\rangle$ gekennzeichnet. Die Feldfunktion $F\rangle$, bzw. F_μ und ihre konjugierten $\overset{*}{F}_\nu$, sollen als Operatoren[26] verstanden werden, die die Zustandsfunktionen ändern, und sie sollen so wirken, daß der Operator[4]

$$N_{op} = \int d\tau \langle F|F\rangle \qquad (51)$$

---

23 Und wie es leider noch in manchen neueren „Einführungen in die Wellenmechanik" den Lesern suggeriert wird.

24 Von „zweiter Quantelung" zu sprechen könnte allenfalls den historischen Sinn haben, daß Schrödingers „erster" Versuch einer Feldquantelung ebenso unzulänglich war wie die Phasenintegral-Quantelung des Partikelbildes, und daß daher erst die von Jordan u. Klein erarbeitete „zweite" Quantelungsvorschrift den Phänomenen gerecht wird; vgl. dazu W. Heisenberg: Physikalische Prinzipien der Quantentheorie, Leipzig 1930, Mathem. Anhang 8, insbes. Text nach Gl. (201) und (212).

25 Zur Unterscheidung von dem Symbol $\rangle$ für die klassische Feldfunktion haben wir die doppelten Balken $\rangle\!\rangle$ gewählt.

26 Wir benutzen im folgenden, ebenso wie J. K. u. W., die sog. Schrödinger-Darstellung, in der die Feldoperatoren als zeitunabhängig, die Zustände $\rangle\!\rangle$ als zeitabhängig verstanden werden.

angewandt auf einen Zustand des Feldes, der durch das Vorhandensein von N Quanten charakterisiert ist, diesen Zustand, (mit der Zahl N multipliziert) reproduziert, d.h. es soll:

$$N_{op}|0\rangle\!\rangle = 0, \quad N_{op}|1\rangle\!\rangle = |1\rangle\!\rangle, \quad N_{op}|2\rangle\!\rangle = 2\cdot|2\rangle\!\rangle, \quad \text{etc.}, \qquad (52)$$

sein. Zur Erfüllung dieser Bedingungen kann man Operatoren und Zustände so definieren, daß erstens

$$F_\mu(\vec{r})\,|0\rangle\!\rangle \equiv 0 \qquad (53)$$

ist, und die auf zweikomponentige Felder erweiterte J. K. u. W.-Operatoralgebra:

$$F_\mu(\vec{r})\,\overset{*}{F}_\nu(\vec{r}') + \overset{*}{F}_\nu(\vec{r}')\,F_\mu(\vec{r}) = \delta_{\mu\nu}\,\delta(\vec{r}-\vec{r}') \qquad (54)$$

und

$$F_\mu(\vec{r})\,F_\nu(\vec{r}') + F_\nu(\vec{r}')\,F_\mu(\vec{r}) = \overset{*}{F}_\mu(\vec{r})\,\overset{*}{F}_\nu(\vec{r}') + \overset{*}{F}_\nu(\vec{r}')\,\overset{*}{F}_\mu(\vec{r}) = 0 \qquad (54\text{a})$$

gilt. Alle Zustände $|1\rangle\!\rangle = \overset{*}{F}_\lambda(\vec{\xi})|0\rangle\!\rangle$, für $\lambda=1$ oder 2, und für beliebigen festen Ortsvektor $\vec{\xi}$, genügen dann der Gleichung:

$$\begin{aligned}N_{op}|1\rangle\!\rangle &= \int d\tau\,\overset{*}{F}_\mu(r)\,F_\mu(r)\,\overset{*}{F}_\lambda(\vec{\xi})|0\rangle\!\rangle \\ &= \int d\tau\,\overset{*}{F}_\mu(\vec{r})\{\delta_{\lambda\mu}\,\delta(\vec{r}-\vec{\xi}) - \overset{*}{F}_\lambda(\vec{\xi})\,F_\mu(\vec{r})\}|0\rangle\!\rangle \qquad (55)\\ &= \overset{*}{F}_\lambda(\vec{\xi})|0\rangle\!\rangle = |1\rangle\!\rangle.\end{aligned}$$

Entprechend ist $|2\rangle\!\rangle = \overset{*}{F}_{\lambda_1}(\vec{\xi}_1)\,\overset{*}{F}_{\lambda_2}(\vec{\xi}_2)|0\rangle\!\rangle$ ein Feldzustand mit zwei Quanten. Durch Linearkombination mit geeigneten Gewichtsfunktionen kann man die allgemeinsten Zustände mit 1, oder 2, etc. Quanten konstruieren, z.B. für ein Quant:

$$|1\rangle\!\rangle_\Psi = \int d\tau_\xi\,\Psi_\lambda(\vec{\xi},t)\,\overset{*}{F}_\lambda(\vec{\xi})|0\rangle\!\rangle \qquad (56)$$

(Summation über λ und Integration über den Ortsraum $\vec{\xi}$). Für zwei Quanten:

$$|2\rangle\!\rangle_\Psi = \iint d\tau_{\xi_1}\,d\tau_{\xi_2}\,\Psi_{\lambda_1\lambda_2}(\vec{\xi}_1,\vec{\xi}_2,t)\,\overset{*}{F}_{\lambda_1}(\vec{\xi}_1)\,\overset{*}{F}_{\lambda_2}(\vec{\xi}_2)|0\rangle\!\rangle \qquad (57)$$

und so fort für 3, 4, ... etc., Quanten.

Wegen der Vertauschungsrelation (54a) für die Operatoren $\overset{*}{F}_\lambda(\vec{\xi})$ ist $\Psi_{\lambda_1\lambda_2}(\vec{\xi}_1,\vec{\xi}_2,t) = -\Psi_{\lambda_2\lambda_1}(\vec{\xi}_2,\vec{\xi}_1,t)$.

Diese Gewichtsfunktionen $\Psi_{\lambda_1\lambda_2\lambda_3}(\vec{\xi}_1\vec{\xi}_2\vec{\xi}_3\ldots,t)$ die den „Zustand des Feldes" festlegen, entsprechen völlig den Pauli-Schrödingerfunktionen, die den „Zustand" im gequantelten Partikelbild beschreiben. Sie sind (im Unterschied zu den klassischen Feldamplituden $F\rangle$) Funktionen in einem vieldimensionalen „Raum". Sie genügen auch derselben Differentialgleichung wie die Zustandsfunktionen des gequantelten Partikelbildes, wenn man für die Zustandsfunktionen des Feldes ihre zeitliche Veränderlichkeit festlegt durch:

$$-\frac{\hbar}{i}\frac{\partial}{\partial t}|\rangle\!\rangle = \mathcal{H}_{\text{op}}|\rangle\!\rangle \qquad (58)$$

worin $\mathcal{H}_{\text{op}}$ aus (46) und (46a) entnommen, bei der Wahl $q=e$, und mit den umgeschriebenen Konstanten $c_\varkappa$ und $g_\varkappa$, nach einigen partiellen Integrationen lautet:

$$\begin{aligned}\mathcal{H}_{\text{op}} = &\int d\tau\,\frac{\hbar^2}{2m}\,\langle F|(\vec{\sigma}\,\vec{\varkappa})^2\,F\rangle \\ &+ \frac{e^2}{2}\iint d\tau\,d\tau'\,\frac{\langle F(\vec{r})|F(\vec{r})\rangle\langle F(\vec{r}')|F(\vec{r}')\rangle}{|\vec{r}-\vec{r}'|} \\ &+ \frac{e^2\hbar^2}{4m^2c^2}\int d\tau\left\{\langle F|(\vec{E}\cdot[\vec{\varkappa}\times\vec{\sigma}])F\rangle + \frac{\text{div}\,\vec{E}}{2}\langle F|F\rangle\right\}.\end{aligned} \qquad (59)$$

Dabei ist die (für das klassische Feldbild irrelevante) Anordnung der Feldoperatoren $F_\mu(\vec{r})$ und $\overset{*}{F}_\lambda(\vec{r}')$ so zu treffen, daß in jedem der Ausdrücke alle gestirnten Operatoren links von den ungestirnten stehen, insbesondere in dem Selbstwechselwirkungsterm, der von vierter Ordnung in den F_μ und $\overset{*}{F}_\nu$ ist.

In der Zustandsfunktion ist die Gl. (58) linear. Sie ist, wie man leicht zeigt, dann, und nur dann, erfüllt, wenn die Gewichtsfunktion $\Psi_{\lambda_1\lambda_2\lambda_3\ldots}(\vec{\xi}_1\,\vec{\xi}_2\,\vec{\xi}_3\ldots,t)$ der Schrödinger-Pauli-Gleichung des N-Teilchenproblem genügt, z.B. für ein Quant:

$$-\frac{\hbar}{i}\frac{\partial\Psi}{\partial t} = \left\{\frac{\hbar^2}{2m}(\vec{\sigma}\,\vec{\varkappa})^2 - e\Phi + \frac{e\hbar^2}{4m^2c^2}\left\{(\vec{E}\cdot[\vec{\varkappa}\times\vec{\sigma}]) + \frac{\text{div}\,E}{2}\right\}\right\}\Psi. \qquad (60)$$

Der Selbstwechselwirkungsterm in (59) liefert für den Einquantenfall keinen Beitrag bei der vorgeschriebenen Anordnung der Feldoperatoren, weil

$$\overset{*}{F}_\mu(\vec{r})\,\overset{*}{F}_\nu(\vec{r}')\,F_\mu(\vec{r})\,F_\nu(\vec{r}')\,\overset{*}{F}_\lambda(\vec{\xi})|0\rangle\!\rangle$$
$$= \overset{*}{F}_\mu(\vec{r})\,\overset{*}{F}_\nu(\vec{r}')\,F_\mu(\vec{r})\,\{\delta_{\nu\lambda}\delta(\vec{r}'-\vec{\xi}) - \overset{*}{F}_\lambda(\vec{\xi})F_\nu(\vec{r}')\}|0\rangle\!\rangle = 0$$

ergibt.

Für die Zweiquantenzustände müssen wir die auf die doppelt indizierte Zustandsfunktion $\Psi_{\lambda_1\lambda_2}(\vec{\xi}_1\,\vec{\xi}_2\,t)$ wirkenden Operatoren $\vec{\sigma}(1)$

(bzw. $\vec{\sigma}(2)$) so definieren, daß sie auf die Indizes λ_1 (bzw. λ_2) wie die Matrizen (16) wirken, bezüglich des anderen Indexpaares λ_2 (bzw. λ_1) wie die Einheitsmatrix; dann lautet die Zweiquantenzustandsgleichung:

$$\left\{ \begin{array}{l} \left(\frac{\hbar^2}{2m}(\vec{\sigma}\,\vec{\varkappa})^2 - e\,\Phi - \frac{e\,\hbar^2}{4m^2c^2}\left\{(\vec{E}\cdot[\vec{\varkappa}\times\vec{\sigma}]) + \frac{\mathrm{div}\,\vec{E}}{2}\right\}\right)_1 \\ + \left(\frac{\hbar^2}{2m}(\vec{\sigma}\,\vec{\varkappa})^2 - e\,\Phi - \frac{e\,\hbar^2}{4m^2c^2}\left\{(\vec{E}\,[\vec{\varkappa}\times\vec{\sigma}]) + \frac{\mathrm{div}\,\vec{E}}{2}\right\}\right)_2 \\ + \frac{e^2}{2}\frac{1}{|\vec{r}_1-\vec{r}_2|} \end{array} \right\} \Psi = -\frac{\hbar}{i}\frac{\partial\Psi}{\partial t} \qquad (61)$$

und entsprechend für den Mehrquanten-Fall.

Anhang I: Strom-Strom-Wechselwirkung und die Breit-Gleichung des Heliumatoms

In ihrer ersten Arbeit[1] schlugen Jordan und Klein vor, die elektrostatistische Selbstwechselwirkung durch die Strom-Strom-Wechselwirkung zu ergänzen, d.h. nicht nur gemäß (45) Φ_{eigen} zu Φ hinzufügen, sondern ebenso in (34a) zu $\vec{A}$ den Term

$$\vec{A}_{\mathrm{eigen}} = \frac{1}{c}\int d\tau' \frac{\vec{j}(\vec{r}'\,t)}{|\vec{r}-\vec{r}'|}$$

hinzuzuaddieren; ebenso muß in (44) $\vec{E}$ als $-\mathrm{grad}\{\Phi + \Phi_{\mathrm{eigen}}\}$ verstanden werden. In dem Ausdruck für die Selbstenergie ergibt sich dann an Stelle des letzten Gliedes in (46):

$$\frac{1}{2}\int d\tau\, d\tau' \frac{\varrho(\vec{r})\,\varrho(\vec{r}') - (\vec{j}(\vec{r})\cdot\vec{j}(\vec{r}'))/c^2}{|\vec{r}-\vec{r}'|}.$$

J. und K. weisen aber auch darauf hin, daß auch Korrekturglieder der mitgenommenen Größenordnung auftreten, die von der Berücksichtigung der Retardierung der elektrostatischen Wirkung herrühren, d.h. wenn man in (45)

$$\Phi_{\mathrm{eigen}}(\vec{r},t) = \int d\tau' \frac{\varrho\left(\vec{r}',t-\frac{|\vec{r}-\vec{r}'|}{c}\right)}{|r-r'|}$$

schreibt. Dabei erhebt sich zuerst die Frage, welche Ausdrücke für $\vec{j}$ in die Zusatzterme einzusetzen sind, da wir den Stromausdruck ja erst aus der Feldgleichung gewonnen haben, und er mit dieser sich mitverändert. Weil es sich bei dem Verfahren aber nur um den nächsten Schritt einer Reihenentwicklung nach Potenzen von $|\vec{j}/c\varrho|$

handelt, ist es legitim, wie J. und K. zu verfahren, und für $\vec{j}$ den in (36) gewonnenen Ausdruck zu verwenden. Bei der Quantelung ergibt sich aber für die Berücksichtigung der Retardierungseffekte ein sehr ernstes Problem, da die J. K. u. W.-Operatorenalgebra auf das „Schrödingerbild" zugeschnitten ist, d.h. die zeitliche Veränderlichkeit gemäß (58) in den „Zustand" verlegt ist, während die den Gln. (54) und (54a) genügenden Feldoperatoren zeitunabhängig verstanden werden. Ein Ansatz:

$$\varrho\left(\vec{r}, t - \frac{|\vec{r}-\vec{r}'|}{c}\right) = \varrho(\vec{r}, t) - \frac{|\vec{r}-\vec{r}'|}{c} \dot{\varrho}(\vec{r}, t) + $$
$$= \varrho(\vec{r}, t) + \frac{|\vec{r}-\vec{r}'|}{c} \operatorname{div} \vec{j}(\vec{r}, t) + \cdots$$

und die Verwendung von $\vec{j}$ und $\partial \vec{j}/\partial t$ aus der Gl. (36) und (34), wäre ein etwas fragwürdiger Ausweg. Man kann diesem ernsten Problem dadurch ausweichen, daß man sich *vor* der Quantelung auf solche Lösungen der nach dem Rezept von J. und K. erweiterten Feldgleichung der polarisierbaren Kathodenstrahlung beschränkt, welche stationäre Ladungsdichte- und Stromverteilungen darstellen, so daß keine Retardierungseffekte auftreten. Nach diesem — zweifellos anfechtbaren — Verfahren liefert dann die Quantelung, wenn man den Stromausdruck (36) zugrunde legt, anstelle von (61) eine Pauli-Schrödingergleichung für das Zwei-Elektronen-System, mit genau den zusätzlichen Breit-Termen[27], die den Wechselwirkungen der beiden Spins miteinander und der beiden Bahnmomente untereinander und der Wechselwirkung jedes Spins mit dem Bahnmoment des anderen Elektrons Rechnung tragen. Diese Gleichung hat seit der Begründung der Quantentheorie bei der Analyse des Heliumspektrums eine wichtige Aufgabe erfüllt.

Zweifellos ist hier die Grenze erreicht (oder überschritten), bis zu der es noch einen Sinn hat, eine gequantelte Galilei-invariante Feldtheorie der Kathodenstrahlung mit der klassischen Lorentz-invarianten Elektrodynamik zu verbinden. Eine schlüssige Theorie des Heliumatoms in der Gestalt der Breitschen Pauli-Schrödinger-Gleichung kann man als Näherung nur aus der Quantenelektrodynamik gewinnen, etwa nach dem Verfahren von Bethe und Salpeter[28]. Immerhin schien es uns beachtlich, daß sich die Breit-

---

[27] Breit, G.: Phys. Rev. **34**, 553 (1929); **36**, 383 (1930); s. auch H. Bethe im Handbuch der Physik, I. Aufl., Bd. XXIV, 1 (1933).
[28] Bethe, H. A., Salpeter, E. E.: Phys. Rev. **84**, 1232, (1951). Ausführlich referiert im Handbuch der Physik, 2. Aufl. Bd. XXXV, S. 256ff. (1957).

Terme in so durchsichtiger Weise bei der Quantelung der Feldtheorie der polarisierbaren Kathodenstrahlung ergeben — auch wenn man ihre Herleitung eher als heuristisches Verfahren werten sollte, ebenso wie Breit seine Herleitung dieser Terme aus der Diracgleichung in diesem Sinne verstanden wissen wollte.

Anhang II: Anomale magnetische Momente

In (37) und den anschließenden Überlegungen hatten wir die Wirkung des äußeren magnetischen Feldes in die Kathodenstrahl-Feldenergie einbezogen, so daß die Änderung dieser Feldenergie allein durch die Wirkung des äußeren elektrischen Feldes auf den elektrischen Strom des Kathodenstrahlfeldes gegeben war. Dies führte zu besonders einfachen Ausdrücken und liefert bei der Quantelung automatisch das Bohrsche Magneton als magnetisches Eigenmoment des Elektrons. Statt dessen kann man z. B. in (41)

$$\frac{c_\varkappa}{2}\frac{q}{g_\varkappa}\langle \varkappa F|\vec{\varkappa} F\rangle = \frac{c_\varkappa}{2}\frac{q}{g_\varkappa}\langle\vec{V}F|\vec{V}F\rangle - \frac{(\vec{A}\,\vec{j}_{\text{conv}})}{c} \qquad (62)$$

schreiben, worin $\vec{j}_{\text{conv}}$ nur den ersten (convektiven) Anteil in (36a) darstellt. Wenn man in (62) nur das erste Glied als „eigentliche Feldenergie" deuten will, und den zweiten Anteil als Wechselwirkungsenergie des Stromes mit dem vorgegebenen Magnetfeld, so ist es sinnvoll, das Kathodenstrahlfeld nicht nur als Träger von Ladungs- und Stromdichte, sondern auch einer Dichte magnetischen Dipolmoments und dessen Strömung zu deuten. Dann wäre im zweiten Term in (41):

$$\frac{q}{c}\frac{c_\varkappa}{2}(\vec{B}\langle F|\vec{\sigma} F\rangle) \qquad (63)$$

sinnvollerweise als Wechselwirkungsenergie dieser Momentdichte mit dem Magnetfeld zu verstehen, und die Erhaltungssätze müßten entsprechend umformuliert werden. Damit ist dann die Möglichkeit gegeben, (63) mit einem beliebigen Faktor zu versehen um einem „anomalen Moment" Rechnung zu tragen.

Um die Rechnung möglichst einfach zu halten, behandeln wir im folgenden den Fall eines elektrisch neutralen Materiefeldes, das ausschließlich Träger von magnetischem Moment ist, etwa einen Alkalidampfstrahl oder etwa ein neutronisches Strahlungsfeld, für das z. B. ein Reaktor die Strahlungsquelle ist. Die Feldgleichung, die die Beugungsphänomene und den Stern-Gerlach-Effekt quantitativ richtig beschreibt, ist:

$$\frac{1}{i}\frac{\partial}{\partial t}F\rangle = \frac{c_M}{2}\Delta F\rangle + g_M(\vec{B}\vec{\sigma})F\rangle, \tag{64}$$

worin die Konstante c_M wieder aus Messung von Wellenlängen und Gruppengeschwindigkeit, die Kopplungskonstante g_M aus der Strahlaufspaltung im inhomogenen Magnetfeld zu bestimmen ist.

Da der Strahl keine Ladung, wohl aber Materie transportiert, wird man die Amplituden F_ν zweckmäßig so messen, daß man für die Massendichte $\varrho = M\langle F|F\rangle$ ansetzt, wobei der Maßfaktor M willkürlich ist; wählt man für ihn die Dimension [Masse], so hat $F\rangle$ wieder die Dimension [Volumen]$^{-\frac{1}{2}}$.

Die Kontinuitätsgleichung folgt aus (64) mit einer Massenstromdichte

$$\vec{j} = M c_M \frac{\langle F|\vec{V}F\rangle - \langle \vec{V}F|F\rangle}{2i}. \tag{65}$$

Betrachten wir zunächst den Fall ohne Magnetfeld, $\vec{B}=0$. Dann kann man aus dem experimentell erfaßbaren Verhältnis von (Aufheizung des „target") zu (Massentransport zum target) die Ausdrücke für Feldenergiedichte und Energieströmungsvektor

$$U = M\frac{c_M^2}{2}\langle \vec{V}F|\vec{V}F\rangle;\quad \vec{S} = M\frac{c_M^2}{2}\frac{\langle V_sF|\vec{V}V_sF\rangle - \langle \vec{V}V_sF|V_sF\rangle}{2i} \tag{66}$$

gewinnen, und entsprechend für Impulsdichte und Spannungstensor:

$$\vec{p} = \vec{j} \tag{67a}$$

und

$$T_{ns} = \frac{Mc_M^2}{2}\frac{\{\langle V_nF|V_sF\rangle + \langle V_sF|V_nF\rangle\} - \{\langle F|V_nV_sF\rangle + \langle V_nV_sF|F\rangle\}}{2} \tag{67b}$$

die beide im magnetfeldfreien Fall die Erhaltungssätze erfüllen. Der $\vec{B}$-proportionale Term in (64) legt die Annahme einer magnetischen Momentdichte

$$\vec{\mu} = \mu\langle F|\vec{\sigma}F\rangle \tag{68}$$

nahe, in der der Wert des Faktors μ nunmehr zu bestimmen ist, (s.u. Gl. (73)).

Zunächst liefert (64) die Gleichung:

$$\frac{\partial \vec{\mu}}{\partial t} + V_s \mathscr{M}_{sn}\vec{e}_n = 2g_M[\vec{\mu}\times\vec{B}] \tag{69}$$

mit dem Magnetmomentenströmungsdichtetensor:

$$\mathcal{M}_{sn} = \mu c_M \frac{\langle F|V_s\sigma_n F\rangle \sim \langle V_s\sigma_n F|F\rangle}{2i}. \tag{69a}$$

Die Gaußsche Magnetomechanik bestimmt eine Kraft pro Volumeneinheit:

$$\vec{K} = (\vec{\mu}\,\vec{V})\,\vec{B} = \frac{\partial \vec{p}}{\partial t} + V_s T_{sn}\vec{e}_n. \tag{70}$$

welche bei Vorhandensein einer Momentenströmung $\mathcal{M}_{sn}$ zu einer Leistung des äußeren Magnetfeldes am Felde $F\rangle$ pro Volumeneinheit:

$$\text{Leistungsdichte} = \mathcal{M}_{sn} V_n B_s = \frac{\partial U}{\partial t} + (\vec{V}\vec{S}) \tag{71}$$

führt. Ferner ist das Drehmoment pro Volumeneinheit, bei beliebiger Wahl des Bezugspunktes $\vec{r} = 0$, gegeben durch

$$\vec{D} = [\vec{r}\times\vec{K}] + [\vec{\mu}\times\vec{B}], \tag{72}$$

worin $[\vec{\mu}\times\vec{B}]$ das „innere Drehmoment" pro Volumeneinheit ist, das nach Gauß ein Magnetfeld auf die Momentendichte $\vec{\mu}$ ausübt.

Die Gl. (71) folgt aus (64) und (66) nur dann, wenn man

$$\mu = M c_M g_M \tag{73}$$

setzt, dann sind auch (67) und (70) mit (64) im Einklang. Der Drehimpulssatz

$$\frac{\partial \vec{I}}{\partial t} + V_s \Theta_{sn}\vec{e}_n = \vec{D} \tag{74}$$

gemäß (72) kann aber nur erfüllt werden, wenn $[\vec{r}\times\vec{p}]$ durch einen „inneren Drehimpuls" ergänzt wird:

$$\vec{I} = [\vec{r}\times\vec{p}] + M\frac{c_M}{2}\langle F|\vec{\sigma} F\rangle, \tag{75}$$

mit dem Drallströmungsdichtetensor:

$$\Theta_{sn} = \varepsilon^{rmn} x_r T_{sm} + \frac{\mathcal{M}_{sn}}{2g_M}. \tag{76}$$

Das Verhältnis von magnetischer Momentdichte zur Dichte des inneren Dralls muß demnach

$$\mu\langle F|\vec{\sigma} F\rangle : M\frac{c_M}{2}\langle F|\vec{\sigma} F\rangle = 2g_M$$

sein. Also tritt auch hier der Landéfaktor auf. Die Quantelung liefert dann, wegen der Algebra (74) und (54a) der Feldoperatoren, wieder halbzahligen Spin.

Anhang III. Klassische fermionische Felder

In seiner Arbeit zur Strahlungsfeldquantelung betont Dirac[29] "it should be observed that there is a difference between a light wave, and the de Broglie- or Schroedinger-wave associated with the light quanta...". Nach der Diskussion dieser Unterscheidung schließt er den Absatz mit folgender Bemerkung: die erstgenannten (d.h. die klassischen) Felder "... appear in the theory only when one is dealing with an assembly of the associated particles satisfying the Einstein-Bose-statistics. There is thus no such wave associated with electrons".

Dagegen geht aus der Arbeit von Jordan & Wigner[2] klar hervor, daß hier, ebenso wie in der vorhergehenden Arbeit von Jordan & Klein[1] an ein klassisches Kathodenstrahlfeld gedacht ist, für welches die Quantelungsvorschrift erst herauspräpariert wird. Dies betonen auch Heisenberg[24] und Hund[4] mit vollem Nachdruck. Trotzdem begegnet man der oben angeführten Diracschen Vermutung von 1927 noch häufig in der neueren Literatur, ebenso wie in Diskussionen. Uns scheint hier ein Mißverständnis vorzuliegen.

Wenn man, von der voll entwickelten Quantenmechanik ausgehend, ein „klassisches Feld" als Grenzfall gewinnen will, so steht für eine fortschreitende Welle ein Kontinuum von Eigenzuständen zur Verfügung, deren jeder mit Quanten besetzt werden kann. Man kann also auch mit Fermionen ein klassisches Feld von hoher Intensität aufbauen, das in der Wellenlänge praktisch scharf ist, und das entsprechend scharfe Beugungsbilder liefert. Von einem bosonischen Feld unterscheidet sich ein klassisches fermionisches Feld nur dadurch, daß beim letzteren im Grenzfall extrem hoher Intensität die Unschärfe der Beugungsbilder mit der Intensität stärker zunehmen muß als bei bosonischen Feldern; d.h. es lassen sich keine „laser" für Kathodenstrahlen konstruieren, bzw. für sehr langwellige Felder keine Antennen.

Hierin scheint uns jedoch keine Einschränkung für eine klassische Feldtheorie zu liegen. Die Begrenzung der Linienschärfe gibt es nämlich ebenso schon in der klassischen Optik, wo sie durch die Natur der Lichtquellen bedingt ist (vgl. das oben bei der Diskussion der „unpolarisierten Strahlung" Gesagte). Trotzdem wird jedermann Maxwells Optik eine klassische Feldtheorie nennen. Die Begrenzung des Feldbildes durch Quantenphänomene trifft ferm-

---

29 Dirac, P. A. M.: Proc. Roy. Soc. (London) A **114**, 247 (1927).

ionische und bosonische Felder gleichermaßen, deren Unterscheidung wird erst in der Quantelung relevant und äußert sich demgemäß in der unterschiedlichen Algebra der Feldoperatoren.

Die Sonderstellung des elektromagnetischen Feldes, daß im Grenzfall langer Wellen nicht nur die Intensitäten, sondern auch die Amplituden der Messung unmittelbar zugänglich werden, scheint uns eher in der verschwindenden Ruhmasse der Photonen begründet zu sein. Für alle andern Felder macht die, bislang außer Acht gelassene, Integrationskonstante für die Frequenz aus Gl. (1):

$$\omega - \frac{c_\varkappa}{2} k^2 = \frac{c^2}{c_\varkappa} \Rightarrow \frac{m c^2}{\hbar}$$

die Amplitudenmessung unmöglich. Sie ist für Kathodenstrahlung 10^{21} sec^{-1}; für andere, fermionische *und* bosonische, Felder ist sie entsprechend größer. Also auch im Grenzfall langer Wellen oszilliert, außer beim Maxwell-Feld, die Amplitude so schnell, daß sie nicht einer unmittelbaren Messung zugänglich ist.

Daß dies eine klassische Feldtheorie nicht ausschließt, wurde oben im Anschluß an die Gln. (25) und (32) hervorgehoben.

Wir danken vielen Kollegen für anregende und aufschlußreiche Diskussionen; vor allem O. Klein und P. Jordan; ferner Aage Bohr, L. Rosenfeld und V. Weißkopf (insbesondere die im Anhang III besprochenen Fragen betreffend), H. Marschall (Freiburg), und unsern Heidelberger Kollegen W. Bühring, H. D. Dahmen, G. Dosch, D. Gromes, O. Haxel, K. Hefft und B. Stech.

Sitzungsberichte der Heidelberger Akademie der Wissenschaften
Mathematisch-naturwissenschaftliche Klasse
Erschienene Jahrgänge

Inhalt des Jahrgangs 1959:
1. W. RAUH und H. FALK. Stylites E. Amstutz, eine neue Isoëtacee aus den Hochanden Perus. 1. Teil. DM 23.40.
2. W. RAUH und H. FALK. Stylites E. Amstutz, eine neue Isoëtacee aus den Hochanden Perus. 2. Teil. DM 33.—.
3. H. A. WEIDENMÜLLER. Eine allgemeine Formulierung der Theorie der Oberflächenreaktionen mit Anwendung auf die Winkelverteilung bei Strippingreaktionen. DM 6.30.
4. M. EHLICH und M. MÜLLER. Über die Differentialgleichungen der bimolekularen Reaktion 2. Ordnung. DM 11.40.
5. Vorträge und Diskussionen beim Kolloquium über Bildwandler und Bildspeicherröhren. Herausgegeben von H. SIEDENTOPF. DM 16.20.
6. H. J. MANG. Zur Theorie des α-Zerfalls. DM 10.—.

Inhalt des Jahrgangs 1960/61:
1. R. BERGER. Über verschiedene Differentenbegriffe. DM 8.40.
2. P. SWINGS. Problems of Astronomical Spectroscopy. DM 3.50.
3. H. KOPFERMANN. Über optisches Pumpen an Gasen. DM 5.80.
4. F. KASCH. Projektive Frobenius-Erweiterungen. DM 6.—.
5. J. PETZOLD. Theorie des Mößbauer-Effektes. DM 13.80.
6. O. RENNER. William Bateson und Carl Correns. DM 4.—.
7. W. RAUH. Weitere Untersuchungen an Didiereaceen. 1. Teil. DM 43.80.

Inhalt des Jahrgangs 1962/64:
1. E. RODENWALDT und H. LEHMANN. Die antiken Emissare von Cosa-Ansedonia, ein Beitrag zur Frage der Entwässerung der Maremmen in etruskischer Zeit. DM 6.90.
2. Symposium über Automation und Digitalisierung in der Astronomischen Meßtechnik. Herausgegeben von H. SIEDENTOPF. DM 32.80.
3. W. JEHNE. Die Struktur der symplektischen Gruppe über lokalen und dedekindschen Ringen. DM 15.40.
4. W. DOERR. Gangarten der Arteriosklerose. DM 11.40.
5. J. KUPRIANOFF. Probleme der Strahlenkonservierung von Lebensmitteln. DM 5.20.
6. P. ČOLAK-ANTIĆ. Dreidimensionale Instabilitätserscheinungen des laminarturbulenten Umschlages bei freier Konvektion längs einer vertikalen geheizten Platte. DM 14.40.

Inhalt des Jahrgangs 1965:
1. S. E. KUSS. Revision der europäischen Amphicyoninae (Canidae, Carnivora, Mam.) ausschließlich der voroberstampischen Formen. DM 38.80.
2. E. KAUKER. Globale Verbreitung des Milzbrandes um 1960. DM 7.20.
3. W. RAUH und H.-F. SCHÖLCH. Weitere Untersuchungen an Didiereaceen. 2. Teil. DM 70.—.
4. W. FELSCHER. Adjungierte Funktoren und primitive Klassen. DM 18.—.

Inhalt des Jahrgangs 1966:
1. W. RAUH und I. JÄGER-ZÜRN. Zur Kenntnis der Hydrostachyaceae. 1. Teil. DM 30.60.
2. M. R. LEMBERG. Chemische Struktur und Reaktionsmechanismus der Cytochromoxydase (Atmungsferment). DM 4.80.

MIX
Papier aus verantwortungsvollen Quellen
Paper from responsible sources
FSC® C105338

If you have any concerns about our products,
you can contact us on
ProductSafety@springernature.com

In case Publisher is established outside the EU,
the EU authorized representative is:
**Springer Nature Customer Service Center GmbH
Europaplatz 3, 69115 Heidelberg, Germany**

Printed by Libri Plureos GmbH
in Hamburg, Germany